Fundamente
| der Mathematik |

Niedersachsen
Gymnasium G9 · Klasse 5

Herausgegeben von
Dr. Andreas Pallack

| Lösungen |

Cornelsen

Unter redaktioneller Mitarbeit von: Alexander Berg, Franz Friedrich, Ulrike Klein, Anika Meyer, Anne Schoenrock

Redaktion: Ulrike Klein

Grafik: Christian Böhning

Umschlaggestaltung: havemannundmosch GbR

Unter der folgenden Adresse befinden sich umfassende Informationen
zum Unterrichtswerk Fundamente der Mathematik.
www.fundamente.de

www.cornelsen.de

1. Auflage, 1. Druck 2015

Druck: H. Heenemann, Berlin

ISBN 978-3-06-042984-4

PEFC™
PEFC/04-31-1156

PEFC zertifiziert
Dieses Produkt stammt aus nachhaltig bewirtschafteten Wäldern und kontrollierten Quellen.

www.pefc.de

Inhaltsverzeichnis

1. Natürliche Zahlen und Größen

1.1 Daten erheben und auswerten

Seite 8 | Einstieg

Alina könnte die Striche auszählen und als Diagramm darstellen. Möglich wäre ein Säulen- oder ein Kreisdiagramm.

Seite 9 | Aufgabe1

a) und b)

Pferd	Hund	Katze	Hamster	Andere
6	10	4	3	5

Seite 9 | Aufgabe 2

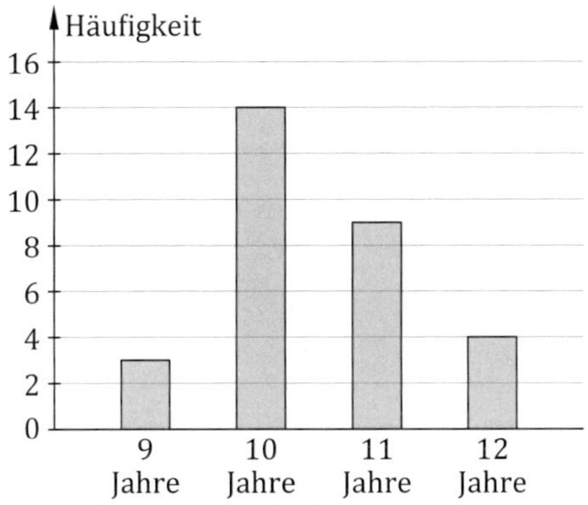

Seite 9 | Aufgabe 3

a)

Zu Fuß	Mit dem Fahrrad	Mit dem Bus	Mit dem Auto
7	5	11	6

b)

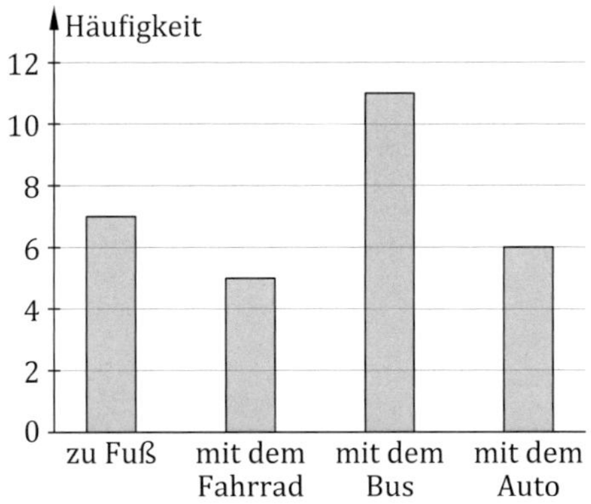

Seite 9 | Aufgabe 4

	Rot	Blau	Lila	Gelb	Grün
a)	𝍸 |	𝍸	||||	𝍸 ||||	|||
b)	6	5	4	9	3

c)

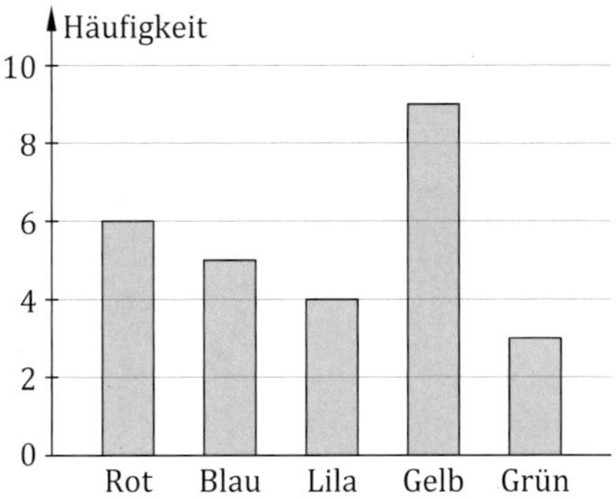

Seite 9 | Aufgabe 5

DE	GR	IT	RO	TR	andere
375	75	25	50	125	100

Seite 10 | Aufgabe 6

Individuelle Lösungen

Seite 10 | Aufgabe 7

a)

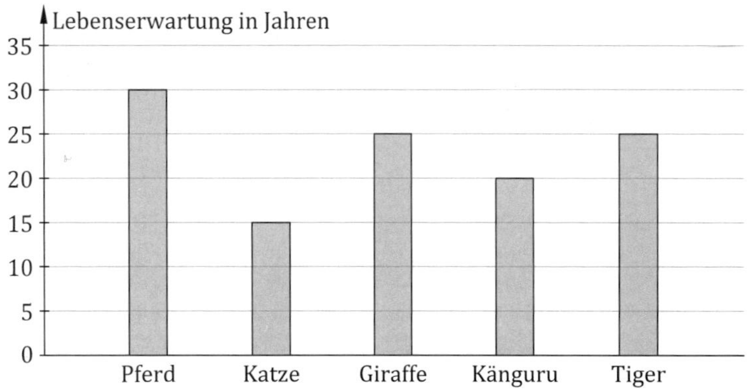

b) Die Unterschiede im Gewicht sind sehr groß. Deshalb wird es schwierig, im Säulendiagramm die Werte genau abzulesen.

c) Sind die unterschiedlichen Messwerte sehr groß, so ist eine Tabelle eher geeignet. Ein Diagramm ist nützlich, wenn alle Messwerte so ähnlich groß sind, dass man die Höhe aller Säulen gut unterscheiden kann.

Seite 10 | Aufgabe 8

a) Sabine erhielt 14 Stimmen, Matthias acht Stimmen und Ismael sechs Stimmen.

b) 28 Schülerinnen und Schüler haben gewählt.

c) Sabine erhielt 14 von 28 Stimmen. Das ist genau die Hälfte aller Stimmen, aber nicht mehr als die Hälfte. Sabine wurde also in diesem Wahlgang nicht zur Klassensprecherin gewählt.

Seite 10 | Aufgabe 9

a) Pedros Diagramm ist grundsätzlich richtig, allerdings beginnt es nicht bei 0 mm Regenmenge, sondern bei 70 mm. Eine solche Darstellung führt leicht zu falschen Schlussfolgerungen, wie man in Aufgabenteil b) sieht.

b) Im Januar fielen 150 mm Niederschlag. Im November oder April regnete es 90 mm. Die vierfache Menge von 90 mm sind 360 mm. Es regnete also im Januar nicht vier Mal so viel wie im November oder April, der falsche Eindruck entsteht dadurch, dass Pedros Diagramm nicht bei 0 mm beginnt.

Seite 11 | Aufgabe 10

a) 1 ausgefülltes Kästchen steht für 1 Schülerin bzw. 1 Schüler.

b) 5a: 30 Schülerinnen und Schüler, 5b: 28 Schülerinnen und Schüler,
5c: 29 Schülerinnen und Schüler, 5d: 26 Schülerinnen und Schüler

c) individuelle Lösungen

Seite 11 | Aufgabe 11

Individuelle Lösungen

Seite 11 | Aufgabe 12

a)

	Handy	Computer	TV	Radio	Zeitschriften	Bücher
Jungen	80 min	100 min	140 min	20 min	10 min	10 min
Mädchen	90 min	70 min	100 min	10 min	30 min	30 min

b) Jungen verbringen 80 min mit dem Handy und 100 min Zeit mit dem Computer. Das sind 180 min. Die Mädchen hingegen verbringen mit diesen neuen Medien 90 min (Handy) und 70 min (Computer), also 160 min. Jungen verbringen also etwas mehr Zeit mit den neuen Medien, aber nicht viel mehr.

c) Individuelle Lösungen

1.2 Natürliche Zahlen – große Zahlen

Seite 13 | Einstieg

75 000: Fünfundsiebzigtausend; 10 000: Zehntausend; 10 000 000: zehn Millionen; 300 000 000: dreihundert Millionen; 500 000 000: fünfhundert Millionen; 9 000 000 000: neun Milliarden

Seite 14 | Aufgabe 1

	ZMrd	Mrd	HMio	ZMio	Mio	HT	ZT	T	H	Z	E
a) 2345								2	3	4	5
b) 23 902							2	3	9	0	2
c) 93 986							9	3	9	8	6
d) 200 700						2	0	0	7	0	0
e) 1 923 000					1	9	2	3	0	0	0
f) 73 001 002				7	3	0	0	1	0	0	2
g) 387 248 292			3	8	7	2	4	8	2	9	2
h) 18 723 897 402	1	8	7	2	3	8	9	7	4	0	2

Seite 14 | Aufgabe 2

a) 82 Tausend 054
b) 504 Millionen 500 Tausend 431
c) 94 Milliarden 078 Millionen 540 Tausend 02
d) 295 Milliarden 405 Millionen 899 Tausend 003

Seite 14 | Aufgabe 3

a) 85 000
b) 57 000 000
c) 11 000 000 000
d) 3 714 000
e) 152 010 000 000
f) 1 000 003 000

Seite 14 | Aufgabe 4

a) 32 und 34
b) 341 und 343
c) 2333 und 2335
d) 9999 und 10 001
e) 99 998 und 100 000
f) 521 098 und 521 100

Seite 14 | Aufgabe 5

a) 14 < 27
b) 57 > 23
c) 98 > 89
d) 512 > 453

Seite 14 | Aufgabe 6

a) 8251 > 8152
b) 13 581 < 13 858
c) 25 987 > 25 897
d) 248 972 < 2 243 487
e) 330 200 > 34 900
f) 10 000 000 > 9 999 999

Seite 15 | Aufgabe 7

a) 512 > 234
b) 2345 > 1234
c) 4893 > 1893
d) 12 398 123 > 12 344 234
e) 47 282 489 012 > 87 234 692
f) 100 000 000 000 000 > 3 284 762 341 233

Seite 15 | Aufgabe 8

a) 36 > 24 > 13 > 9 > 5
b) 745 > 625 > 540 > 243 > 135
c) 6606 > 6600 > 6060 > 6006 > 6000
d) 36 732 > 35 761 > 35 732 > 35 731 > 35 351

Seite 15 | Aufgabe 9

a) 3. Stelle (5xx): Fünfhundert (500); 7. Stelle (5 xxx xxx): 5 Millionen (5 000 000),
9. Stelle (5xx xxx xxx) 500 Millionen (500 000 000)
b) 7428 > 7425 > 5428 > 4857

Seite 15 | Aufgabe 10

a) dreihundert(300)-fünf (5)-und-sechzig(60) = 300 + 5 + 60 = 365
b) 2065 > 2060 > 2050 > 2006

Seite 15 | Aufgabe 11

4496 (Neptun) > 2896 (Uranus) > 1427 (Saturn) > 778 (Jupiter) > 228 (Mars) > 150 (Erde) > 108 (Venus)> 60 (Merkur)

Seite 15 | Aufgabe 12

a) Ist eine natürliche Zahl gerade, so sind ihr Vorgänger und ihr Nachfolger ungerade. Umgekehrt gilt: Ist eine natürliche Zahl ungerade, so sind ihr Vorgänger und Nachfolger gerade. Addiert man zwei ungerade oder zwei gerade Zahlen, so ergibt sich immer eine gerade Zahl. 2005 kann also keine Summe von zwei geraden oder ungeraden Zahlen sein.

b) $1001 + 1003 = 2004$: Die gesuchte Zahl ist 1002.

Seite 15 | Aufgabe 13

123 456 789

1.3 Runden

Seite 16 | Einstieg

Lisa hat Recht, 499 978 Steine sind nur 22 weniger als 500 000.

Seite 16 | Aufgabe 1

a) Zehner	b) Hunderter	c) Tausender	d) Zehntausender
90	500	8000	80 000
130	7500	67 000	630 000
650	8000	90 000	1 000 000

Seite 16 | Aufgabe 2

Zehner: 75 850; Hunderter: 75 800, Tausender: 76 000; Zehntausender: 80 000

Seite 16 | Aufgabe 3

Zoés Schulweg ist etwa 800 m lang.

Seite 17 | Aufgabe 4

a) Telefonnummern werden nicht gerundet, da die Ziffern für einen Code stehen, nicht für eine bestimmte Größe.

b) 13 600 Besucher, Größenangaben können gerundet werden.

c) Hausnummern werden nicht gerundet bzw. verändert, da die Zahl für eine ganz bestimmte Zuordnung steht und so bleiben muss.

d) 50 000 Einwohner, Größenangaben können gerundet werden.

e) individuelle Lösungen

Seite 17 | Aufgabe 5

a) Zehner: 35 630; Hunderter: 35 600; Tausender: 36 000; Zehntausender: 40 000
Zehner: 859 330, Hunderter: 859 300; Tausender: 859 000; Zehntausender: 860 000

b) 241, 238, 240

Seite 17 | Aufgabe 6

a) $1995 \approx 2000$; $129\,950 \approx 130\,000$: Es muss in beiden Fällen aufgerundet werden.

b) Auf eine bestimmte Stelle wird nicht schrittweise gerundet: $3549 \approx 3500$.

Seite 17 | Aufgabe 7

Herr Müller braucht auf jeden Fall mindestens 1440 Fliesen. Wird abgerundet, so fehlen ihm welche, auch wenn es nur wenige sind. Außerdem sollte auch aufgerundet werden, da bei den Arbeiten Fliesen zerschnitten und bearbeitet werden müssen. Ebenso ist es mit der Wandfarbe. Auch da gibt es einen zusätzlichen Verbrauch, den man nicht kalkulieren kann. Sinnvoll wären 1450 Fliesen und 65 l Wandfarbe.

Seite 17 | Aufgabe 8

a) Zehner: 50 (Rundungsfehler: 2); Hunderter: 100 (Rundungsfehler: 48)

b) Zehner: 350 (Rundungsfehler:1); Hunderter: 300 (Rundungsfehler: 49)

c) Zehner: 4920 (Rundungsfehler: 2); Hunderter: 4900 (Rundungsfehler: 18)

d) Zehner: 290 (Rundungsfehler: 4); Hunderter: 300 (Rundungsfehler: 6)

e) Zehner: 760 (Rundungsfehler: 4); Hunderter: 800 (Rundungsfehler: 44)

f) Zehner: 970 (Rundungsfehler: 2); Hunderter: 1000 (Rundungsfehler: 28)

Seite 17 | Aufgabe 9

	a)	b)	c)	d)
Gerundete Zahl	50	110	1200	3400
Rundungsfehler	4	2	17	41
gerundet auf	Zehner	Zehner	Hunderter	Hunderter
Ursprungszahl	54 oder 46	112 oder 108	1217 oder 1183	3441 oder 3359

Seite 17 | Aufgabe 10

a) Es sind mindestens 675 Schülerinnen und Schüler und maximal 684.

b) Es sind mindestens 650 Schülerinnen und Schüler und maximal 749.

Seite 17 | Aufgabe 11

Das ist möglich, wenn die Jeans 35 € und das T-Shirt 15 € kosten.

Seite 17 | Aufgabe 12

a) 1. Summand: 315 bis 324; 2. Summand: 135 bis 144; Summe: 450 bis 468

b) 1. Summand:1450 bis 1549; 2. Summand: 2650 bis 2749; Summe: 4100 bis 4298

c) 1. Summand: 45 500 bis 46 499; 2. Summand: 57 500 bis 58 499; S.: 103 000 bis 104 998

d) 1. Summand: 5250 bis 5349; 2. Summand: 11 500 bis 12 499; Summe: 16 750 bis 17 848

1.4 Zahlenstrahl

Seite 18 | Einstieg

1. Bild: 256, steht für eine Wasserhöhe von 256 cm

2. Bild: 50, steht für eine Geschwindigkeit von 50 km/h

Seite 19 | Aufgabe 1

a) 5; 25; 65; 75; 110; 125

b) 4; 16; 22; 28; 35; 46

Seite 19 | Aufgabe 2

a) A: 1; B: 5; C: 7; D: 10; E: 11; F: 15; G: 17

b) A: 20; B: 60; C: 120; D: 160; E: 180

Seite 19 | Aufgabe 3

a)

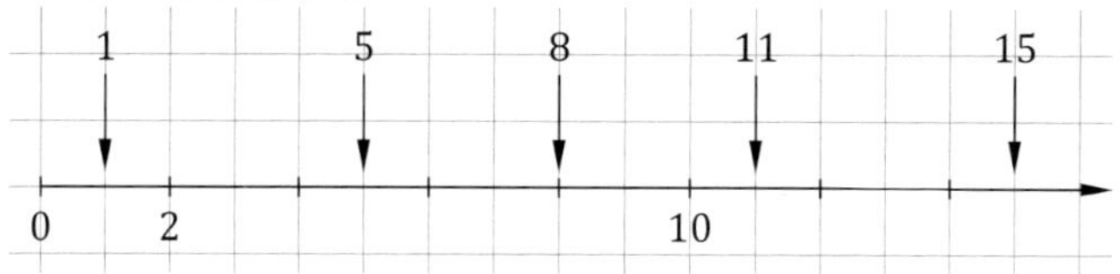

b)

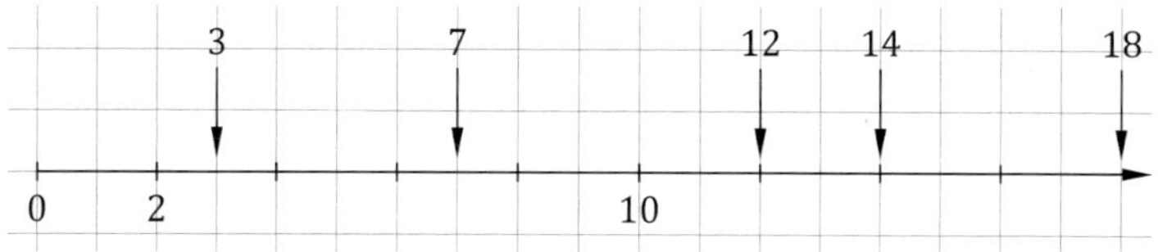

c)

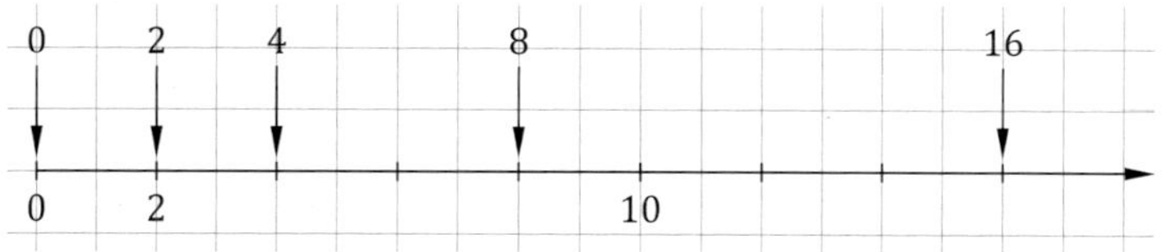

Seite 19 | Aufgabe 4

a)

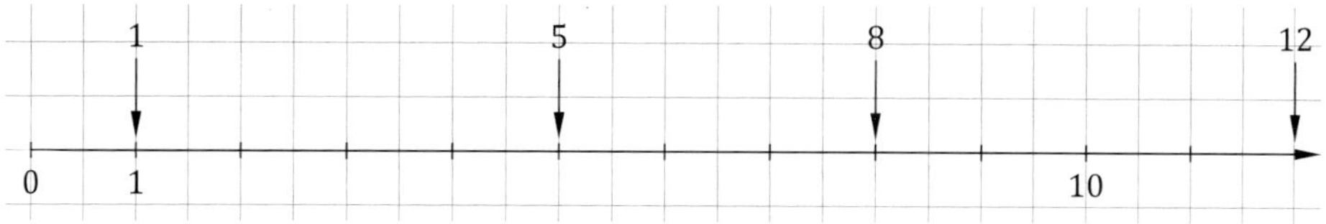

b) 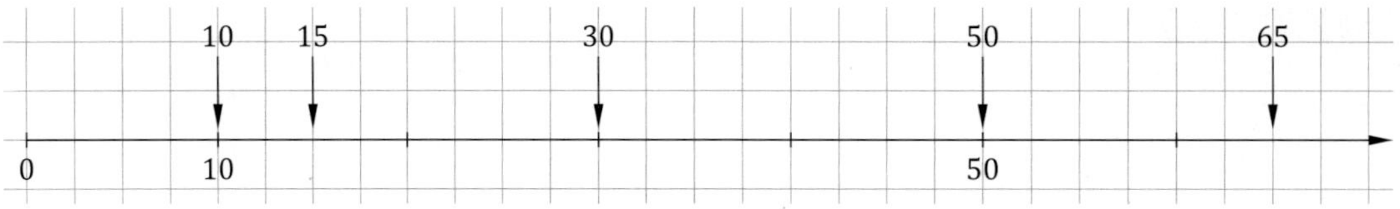

c) 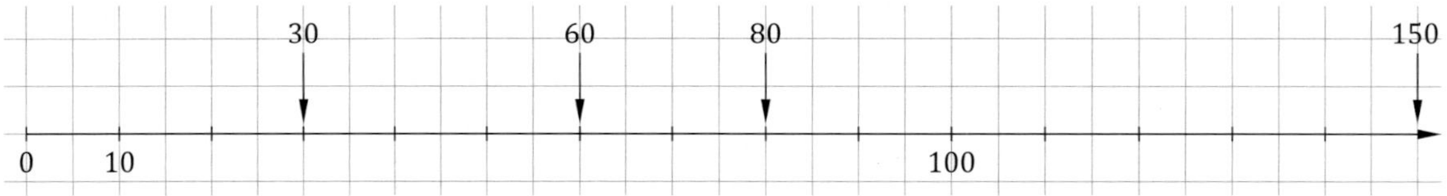

Seite 19 | Aufgabe 5

a) A: 210; B: 225; C: 240; D: 270; E: 285; F: 310

b) A: 480; B: 530; C: 570; D: 590; E: 620; F: 650

Seite 19 | Aufgabe 6

a) 52; 62; 67; 74; 79; 82

b) 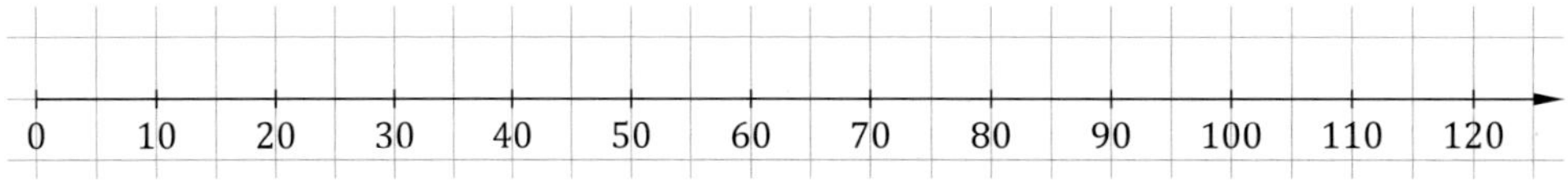

c) 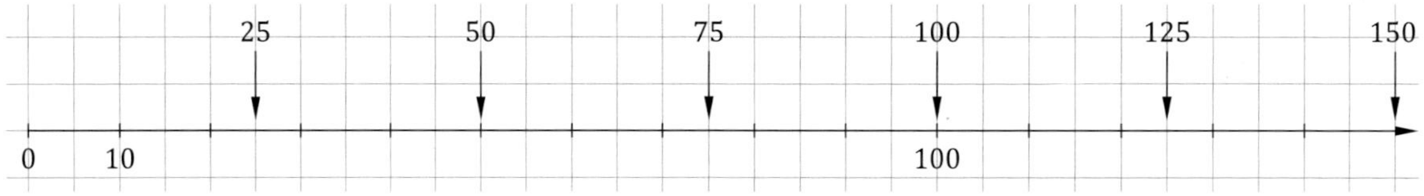

Seite 20 | Aufgabe 7

a) 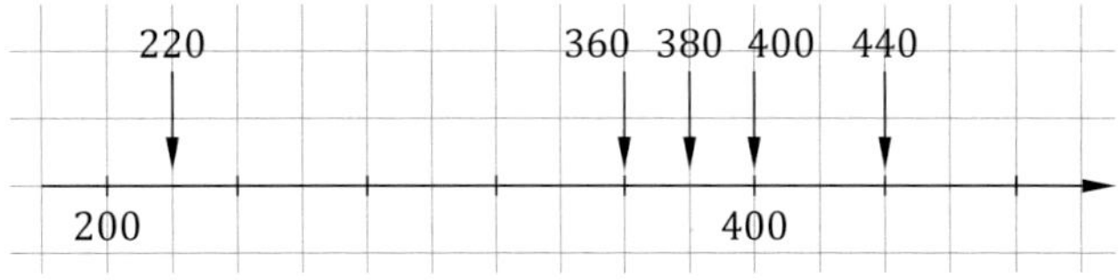

b) 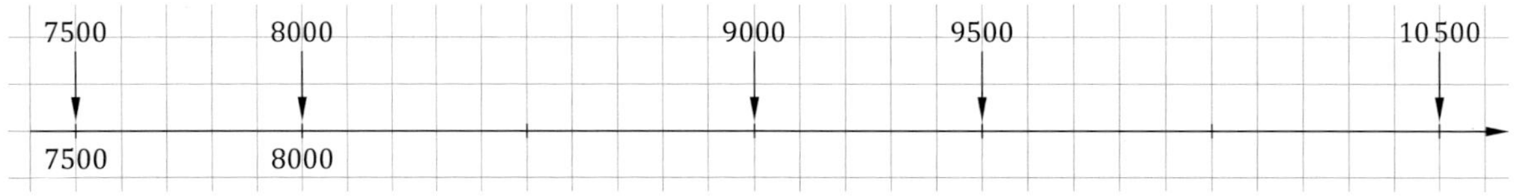

Seite 20 | Aufgabe 8

a) Paul hat die 19 1 cm links von der 20 eingezeichnet, da aber 1 cm = 2 Einheiten ist, liegt dort die 18. Die 19 liegt auf halber Strecke zwischen den Strichen für 18 und 20. Die anderen Zahlen sind richtig.

b) Monika hat mit 1 cm = 20 Einheiten gerechnet, da aber nur 20 Einheiten dargestellt werden sollen, ist dies zu klein. Besser wäre 1 cm = 2 Einheiten

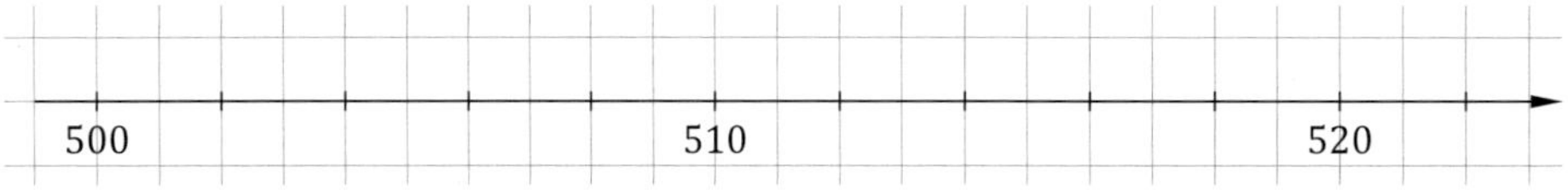

Seite 20 | Aufgabe 9

Die Zahlen sind 8 und 16.

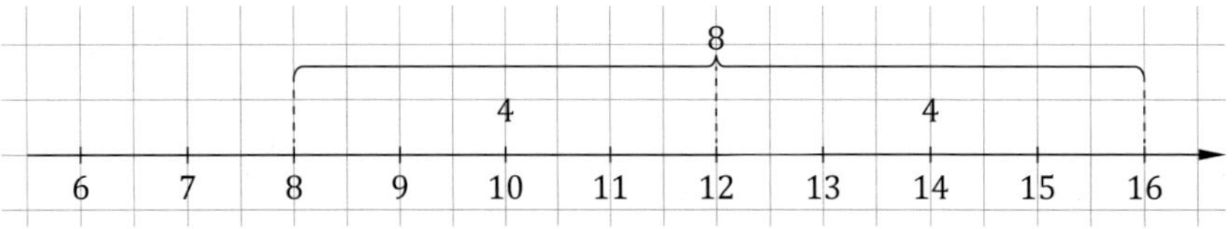

Seite 20 | Aufgabe10

a) Die gesuchten Zahlen sind 56, 57, 58, 59.

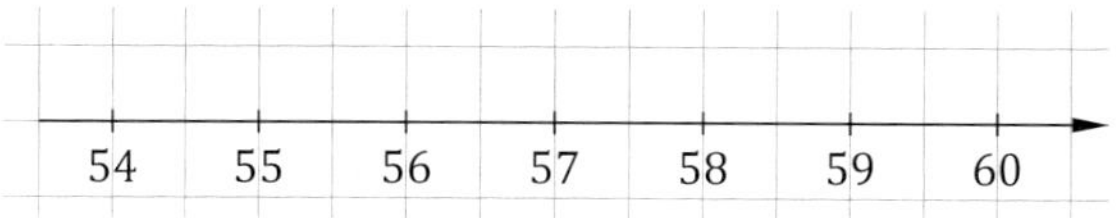

b) Die gesuchten Zahlen sind 251, 252, 253, 254, 255, 256, 257, 258, 259.

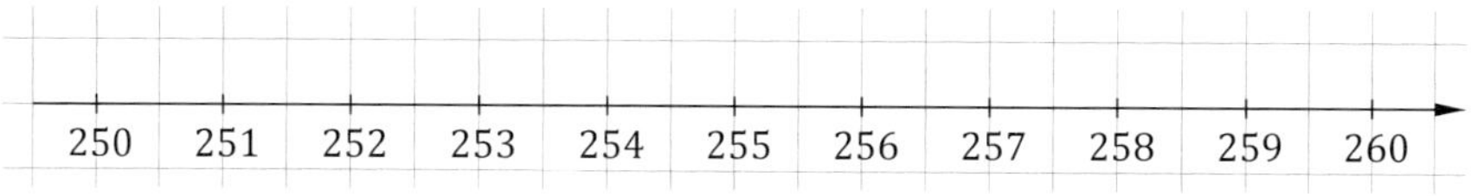

Seite 20 | Aufgabe 11

a) 17

b) 270

Seite 20 | Aufgabe 12

a)

Verein	Zuschauer, gerundet
Bayern München	71 000
Borussia Dortmund	80 000
Schalke 04	62 000
Hertha BSC Berlin	52 000
Hamburger SV	52 000
VfB Stuttgart	50 000
Hoffenheim	27 000
SC Freiburg	23 000

b)

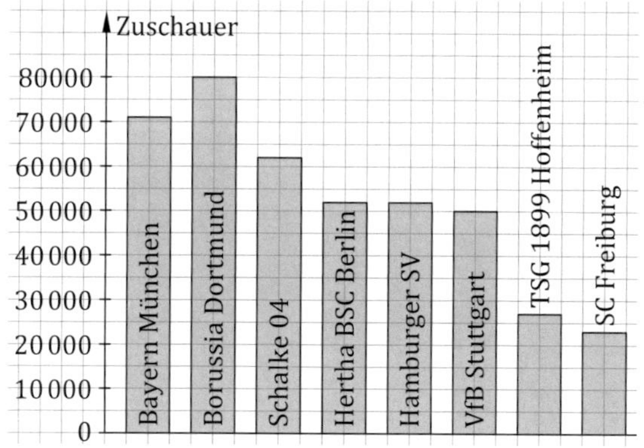

1.5 Größen schätzen

Seite 21 | Einstieg

Entfernung Hamburg – Köln: 423 km; eine Spaghetti-Nudel: 2 Gramm; Kerze: 6 cm;
Fußballspiel: 90 Minuten; Elefant: 6 Tonnen; Winterschlaf: 5 Monate; 1 Liter Wasser: 1 Kilogramm

Seite 21 | Aufgabe 1

a) Ein LKW wiegt etwa 10-Mal so viel wie ein Auto, also ca. 10 t. (Rechtlich gelten in Deutschland als LKW Fahrzeuge mit einem Gewicht von 7,5 t bis 40 t.)

b) Wenn man noch die Deckenhöhen einrechnet, etwa 13 m

c) etwa 20 Sekunden

Seite 22 | Aufgabe 2

a) Büroklammer: ca. 1 cm

b) Auto: ca. 4 m

c) Federmäppchen: ca. 20 cm

d) Kirchturm: ca. 50 m (Ulmer Münster: 161 m)

Seite 22 | Aufgabe 3

a) Wassermelone: ca. 2 kg

b) Ball: ca. 500 g

c) Pferd: ca. 400 kg

d) Münze: ca. 10 g

Seite 22 | Aufgabe 4

a) 100 g: eine Tafel Schokolade; 250 g: ein Paket Butter; 500 g: eine Packung Nudeln, 1 kg: ein Liter Milch oder andere Getränke

b) ca. 1 cm: Wäscheknopf; ca. 10 cm: Handteller, Durchmesser einer CD (12 cm); ca. 1 m: Höhe eines Fensters; ca. 10 m: Abstand des Strafstoßpunktes vom Tor (10,9 m)

c) ca. 1 s: Herzschlag; ca. 1 min: Nachrichtenschlagzeilen im Radio; ca. 1 h: Trainingseinheit im Sport; ca. 2 h: Spielfilm

Seite 22 | Aufgabe 5

Daumenbreite: ca. 1,5 cm; Länge des Zeigefingers: ca. 8 cm; Fußlänge: ca. 25 cm; Schrittlänge: ca. 40 cm; Körpergröße: ca. 1,70 m; Kopfumfang: ca. 60 cm

Seite 22 | Aufgabe 6

a) ca. 2 m

b) typische Längen: Länge und Breite ca. 10 m, Höhe ca. 5 m

c) ca. 500 g pro Buch

d) ca. 25 – 27 Zeitstunden (inklusive Pausen)

Seite 22 | Aufgabe 7

a) Länge: etwa 25 bis 30 cm; Breite: etwa 18 bis 22 cm; Höhe: etwa 1 bis 3 cm

b) ca. 500 bis 700 g

c) Man benötigt etwa 5 Minuten für eine Seite, bei 200 Seiten also etwa 16 bis 17 Stunden.

Seite 23 | Aufgabe 8

a) „30 m" ist eine Längenangabe, Julia hat also die Länge des Wals geschätzt, nicht das Gewicht.

b) 10 000 m = 10 km. Von Hamburg nach München ist es weiter.

c) Es dauert bestimmt länger, 10 l Wasser zum Kochen zu bringen als 1 l. Allerdings ist der Zusammenhang nicht proportional, man kann die Zeit zum Aufkochen von 10 l Wasser nicht so einfach berechnen.

d) Die Strecke ist 10-mal so lang, der Sprinter braucht aber sicher länger als die zehnfache Zeit für die 10 km, da er die Sprintgeschwindigkeit nicht 10 km lang durchhalten kann.

Seite 23 | Aufgabe 9

Individuelle Lösungen

Seite 23 | Aufgabe 10

Individuelle Lösungen

Seite 23 | Aufgabe 11

a) Anzahl der Parallelklassen · Jahrgänge · Schülerinnen und Schüler pro Klasse. Beachtet auch evtl. Oberstufenjahrgänge, die nicht mehr im Klassenverband organisiert sind.

b) Wie oft pro Woche macht ihr Mathematik-Hausaufgaben, wie lange in etwa, wie viele Wochen sind seit Schuljahresbeginn vergangen?

c) Messt die Höhe eures Klassenzimmers und nehmt mit der Anzahl der Stockwerke mal.

d) Vielleicht findet ihr Anhaltspunkte für das Gewicht eines Tisches im Internet.

e) Messt aus, welche Strecke 10 Schülerinnen und Schüler bilden können.

Seite 23 | Aufgabe 12

Ein Blauwal wiegt bis zu 200 t.
Weibliche Netzpythons können bis zu 6 m lang werden, männliche etwas über 4 m.
Die älteste bekannte Riesenschildkröte starb im Alter von 176 Jahren.
Männliche Giraffen werden bis zu 6 m hoch, weibliche bis zu 4,5 m.
Geparde können (auf kurzen Strecken) etwa 90 km/h schnell werden.
Männliche Strauße werden bis zu 2,5 m hoch und bis zu 135 kg schwer, weibliche bis zu 1,9 m hoch und 110 kg schwer.

(Quelle für alle Angaben: Wikipedia)

Seite 23 | Aufgabe 13

a) Richtig. In 5 Stunden kann man je nach Trainingszustand etwa 20 bis 50 km laufen, von Berlin nach Göttingen ist es weiter (über 300 km).

b) Richtig. Ein Arm macht etwa 9 % des Körpergewichts aus, eine Flasche Sprudel wiegt etwa 1 kg. Der Arm dürfte bei fast allen Menschen schwerer sein.

c) Richtig, wenn man den offiziellen Weltrekord für das Essen einer trockenen Scheibe Toastbrot ohne Getränk zugrunde legt. Er beträgt laut Guinnesbuch 9,83 Sekunden (aufgestellt von Anthony Falzon am 1.7.2013). Die meisten ungeübten Menschen brauchen allerdings deutlich länger, um eine Scheibe Toast zu essen, zwischen 1 Minuten 30 Sekunden und 2 Minuten. Da geht das Zählen schneller.

d) Falsch. Ein Kilogramm ist ein Kilogramm.

1.6 Größen umrechnen

Seite 24 | Einstieg

Sven hat 3 · 20 ct + 1 · 10 ct + 4 · 5 ct + 5 · 2 ct + 2 · 1 ct = 102 ct = 1,02 €. Das reicht gerade für die Flasche Apfelschorle.

Seite 24 | Aufgabe 1

a) 6 cm = 60 mm	b) 20 m = 200 dm	c) 4 km = 4000 m	d) 132 dm = 1320 cm
e) 18 kg = 18 000 g	f) 30 g = 30 000 mg	g) 5 t = 5000 kg	h) 212 g = 212 000 mg
i) 3 min = 180 s	j) 7 h = 420 min	k) 3 Tage = 72 h	l) 13 min = 780 s

Seite 25 | Aufgabe 2

a) 5000 m = 5 km	b) 40 dm = 4 m	c) 60 mm = 6 cm	d) 436 000 m = 436 km
e) 6000 g = 6 kg	f) 9000 kg = 9 t	g) 24 000 mg = 24 g	h) 1 983 000 g = 1983 kg
i) 120 s = 2 min	j) 180 min = 3 h	k) 48 h = 2 Tage	l) 120 h = 5 Tage

Seite 25 | Aufgabe 3

a) 5 € = 500 Cent; 2,79 € = 279 Cent; 30,05 € = 3005 Cent

b) 200 Cent = 2 €; 465 Cent = 4,65 €; 5699 Cent = 56,99 €

Seite 25 | Aufgabe 4

a) 6 m = 60 dm	b) 3 dm = 30 cm	c) 23 km = 2300 m	d) 16 cm = 160 mm
e) 90 cm = 9 dm	f) 8000 m = 8 km	g) 300 cm = 3 m	h) 1200 mm = 120 cm

Seite 25 | Aufgabe 5

a) 5 t = 5000 kg; 12 t = 12 000 kg; 3000 g = 3 kg; 120 000 g = 120 kg

b) 6 kg = 6000 g; 30 kg = 30 000 g; 4000 mg = 4 g; 70 000 mg = 70 g

Seite 25 | Aufgabe 6

a) Eine halbe Stunde sind 30 Minuten; eine Viertelstunde sind 15 Minuten; eine Dreiviertelstunde sind 45 Minuten; eineinhalb Stunden sind 90 Minuten.

b) Eine halbe Minute sind 30 Sekunden; zwei Minuten sind 120 Sekunden; zehn Minuten sind 600 Sekunden; eine Stunde sind 3600 Sekunden.

c) Ein halber Tag sind 12 Stunden; eineinhalb Tage sind 36 Stunden, zwei Tage sind 48 Stunden; sieben Tage sind 168 Stunden.

Seite 25 | Aufgabe 7

a) 3 km > 2953 m = 2,953 km; 94 dm = 9,4 m < 10 m; 57 000 mm = 57 m < 570 m

b) 8 kg > 7389 g = 7,389 kg; 40 000 mg = 40 g < 400 g; 743 kg < 7 420 000 000 mg = 7420 kg

c) 122 s > 2 min = 120 s; 1440 min = 24 h < 2 d; 4 h < 18 000 s = 5 h

Seite 25 | Aufgabe 8

a) 170 cm (Seehund) > 150 cm (Luchs) > 120 cm (Hund) > 95 cm (Hauskatze)

b) 150 kg (Seehunde) > 45 kg (Hund) > 22 kg (Luchs) > 5 kg (Hauskatze)

c) 35 Jahre (Seehund) > 20 Jahre (Hauskatze) > 15 Jahre (Hund) = 15 Jahre (Luchs)

Seite 25 | Aufgabe 9

a) 19 m = 19 · 100 cm = 1900 cm
b) 32 km = 32 · 1000 m = 32 · 1000 · 10 dm = 320 000 dm
c) 15 m = 15 · 1000 mm = 15 000 mm
d) 3 km = 3 · 1000 m = 3 · 1000 · 1000 mm = 3 000 000 mm
e) 2 t = 2 · 1000 kg = 2 · 1000 · 1000 g = 2 000 000 g
f) 50 kg = 50 · 1000 g = 50 · 1000 · 1000 mg = 50 000 000 mg
g) 17 t = 17 · 1000 kg = 17 · 1000 · 1000 g = 17 · 1000 · 1000 · 1000 mg = 17 000 000 000 mg
h) 2 h = 2 · 60 min = 2 · 60 · 60 s = 7200 s

Seite 26 | Aufgabe 10

a) 2 km bis zum Stadion; dafür braucht die Klasse 20 Minuten, 3 m Weitsprung, 160 g schwerer Ball wird 21 m weit geworfen, 1000-m-Lauf in 4 Minuten, die Kugel ist 4 kg schwer und wird 9 m weit geworfen, die Klasse ist 2,5 Stunden im Stadion.
b) individuelle Lösungen

Seite 26 | Aufgabe 11

6 m = 600 cm; 600 : 10 = 60; 600 : 5 = 120.
Eine Kette von 60 bis 120 Ameisen ergibt die Länge einer Python.

Seite 26 | Aufgabe 12

a)

① 8 km = 8000 m	② 30 g = 30 000 mg	③ 4 h = 240 min
④ 210 dm = 21 m	⑤ 3000 kg = 3 t	⑥ 600 s = 10 min
⑦ 3 km = 30 000 dm	⑧ 240 000 g = 240 kg	⑨ 240 h = 10 Tage
⑩ 8 m = 8000 mm	⑪ 3 000 000 g = 3 t	⑫ 1260 min = 21 h

b) Eine Stunde hat 60 Minuten und damit 3600 Sekunden.
c) „k“ steht für „Kilo“, das bedeutet „1000-Mal“.

Seite 26 | Aufgabe 13

a) 24 km = 24 000 m
b) 3000 kg = 3 000 000 g
c) 7 min = 420 s (eine min hat 60 s)
d) 5 m = 5000 mm

Seite 26 | Aufgabe 14

a) Zeitpunkt b) Zeitspanne c) Zeitspanne d) Zeitspanne

Seite 26 | Aufgabe 15

a) 38 min b) 8 h c) 76 Jahre

Seite 26 | Aufgabe 16

a) 5 h 5 min b) 1 h 43 min c) 10 h 22 min d) 19:15 e) 20:36

Seite 27 | Aufgabe 17

a) 200 m + 3 m = 203 m
b) 30 cm + 2 mm = 300 mm + 2 mm = 302 mm
c) 2 km + 300 m = 2000 m + 300 m = 2300 m
d) 230 g + 20 kg = 230 g + 20 000 g = 20 230 g
e) 3 g - 700 mg = 3000 g - 700 mg = 2300 mg
f) 4 t - 800 kg = 4000 kg - 800 kg = 3200 kg
g) 3 h + 50 min = 180 min + 50 min = 230 min
h) 1 min - 37 s = 60 s - 37 s = 23 s
i) 8 d + 11 h = 192 h + 11 h = 203 h
j) 320 dm + 3 km = 320 dm + 30 000 dm = 30 320 dm
k) 33 t - 667 000 g = 33 000 kg - 667 kg = 32 333 kg
l) 1 h - 368 s = 3600 s - 368 s = 3232 s = 53 min 52 s

Seite 27 | Aufgabe 18

a) 60 m + 20 dm = 60 m + 2 m = 62 m
b) 90 g + 4000 mg = 90 g + 4 g = 94 g
c) 3 km + 5000 m = 3 km + 5 km = 8 km
d) 2 min + 120 s = 2 min + 2 min = 4 min
e) 89 000 kg - 80 t = 89 t - 80 t = 9 t
f) 72 h - 1 d = 3 d - 1 d = 2 d

Seite 27 | Aufgabe 19

150 g · 14 = 2100 g; 2 kg = 2000 g. Die Spaghetti reichen nicht, wenn Anja und alle ihre Freunde wirklich jeweils 150 g essen möchten.

Seite 27 | Aufgabe 20

a) 1. Verbindung: 21 min; 2. Verbindung: 34 min
b) 1. Verbindung: 25 min, 2. Verbindung: 25 min; 3. Verbindung: 13 min
c) Er muss den Zug um 10:28 ab Lüneburg nehmen, da er nur dann den Zug um 11:01 ab Hamburg bekommt, der um 11:26 in Buxtehude ist. Insgesamt dauert seine Reise dann 58 min.

Seite 27 | Aufgabe 21

a) 5689 m ≈ 6000 m = 6 km; 9400 m ≈ 9000 m = 9 km; 34 650 m ≈ 35 000 m = 35 km
b) 71 mm ≈ 70 mm = 7 cm; 146 mm ≈ 150 mm = 15 cm; 95 mm ≈ 100 mm = 10 cm
c) 873 cm ≈ 900 cm = 9 m; 32 dm ≈ 30 dm = 3 m; 9950 mm ≈ 10 000 mm = 10 m
d) 9129 g ≈ 9000 g = 9 kg; 1345 g ≈ 1000 g = 1 kg; 21 750 g ≈ 22 000 g = 22 kg
e) 1100 kg ≈ 1000 kg = 1 t; 4505 kg ≈ 5000 kg = 5 t; 9500 kg ≈ 10 000 kg = 10 t

Seite 27 | Aufgabe 22

a) Donnerstag
b) Sonntag
c) 76 Tage (ab 16. Oktober)
d) 45 Tage
e) individuelle Lösungen

1.7 Größen in Kommaschreibweise

Seite 28 | Einstieg

Hollys Schulterhöhe beträgt 58 cm. Damit liegt sie sowohl bei Schulterhöhe als auch bei Gewicht im Rahmen einer ausgewachsenen Hündin.

Seite 28 | Aufgabe 1

a) 8,95 m = 895 cm
b) 8,9 m = 890 cm
c) 0,2 cm = 2 mm
d) 4,2 km = 4200 m
e) 9,225 t = 9225 kg
f) 6,75 kg = 6750 g
g) 2,9 g = 2900 mg
h) 0,9 kg = 900 g
i) 10,5 kg = 10 500 g
j) 20,25 km = 20 250 m
k) 20,25 g = 20 250 mg
l) 20,25 m = 2025 cm

Seite 29 | Aufgabe 2

a) 244 cm; 732cm
b) 2500 g
c) 1500 m
d) 5600 kg
e) 21 mm

Seite 29 | Aufgabe 3

a) 6,002 km = 6002 m; 6,02 km = 6020 m; 6,2 km = 6200 m
b) 27,98 m = 2798 cm; 279,8 m = 2798 dm; 279,8 cm = 2798 mm
c) 0,775 kg = 775 g; 0,75 kg = 750 g; 0,7 kg = 700 g
d) 7,5 g = 7500 mg; 7,55 g = 7550 mg; 7,555 g = 7555 mg

Seite 29 | Aufgabe 4

a) ① 4,2 kg = 4200 g
② 34,67 kg = 34 670 g
③ 16,891 t = 16 891 kg
④ 5,76 km = 5760 m
⑤ 43,92 km = 43 920 m
⑥ 5,76 m = 576 cm
⑦ 10,81 g = 10 810 mg
⑧ 0,960 kg = 960 g
⑨ 0,302 t = 302 kg
⑩ 102,94 km = 102 940 m
⑪ 70,301 km = 70 301 m
⑫ 20,300 m = 203 dm

b) Da eine Stunde 60 Minuten hat, nicht 100, kann man aus der Angabe 1,7 h nicht unmittelbar auf die Anzahl der Minuten schließen.

Seite 29 | Aufgabe 5

a) Jan hat die Stellen vergessen, deren Wert 0 ist, die als Stellen aber nicht weggelassen werden können:
3,7 km = 3700 m.

b) Miriam verschiebt das Komma nicht um die richtige Anzahl Stellen, sondern immer nur so weit, dass das Komma entfällt. ① 0,6 m = 60 cm ② 4,5 kg = 4500 g ③ 5,005 t = 5005 kg

Seite 29 | Aufgabe 6

a) 1200 mm = 120 cm; 1,2 dm = 12 cm; 0,12 m = 12 cm:
1200 mm > 12 cm = 1,2 dm = 0,12 m

b) 360 mm = 36 cm; 0,0036 m = 0,36 cm; 360 mm > 3,6 cm > 0,0036 m

c) 2700 g > 2,007 kg > 2 kg > 70 g

d) 60 000 mg = 60 g; 0,06 kg = 60 g: 60 000 mg = 0,06 kg > 6 g

Seite 29 | Aufgabe 7

0,75 kg = 750 g; 0,5 kg = 500 g: Der Teig ist insgesamt 750 g ´+ 250 g + 500 g + 20 g = 1520 g schwer. Also kann er nicht mit der Maschine geknetet werden, zumindest nicht auf einmal.

Seite 29 | Aufgabe 8

a) ① 250 cm = 2,5 m ② 3500 m = 3,5 km ③ 37 mm = 3,7 cm
④ 612 dm = 61,2 m ⑤ 4865 g = 4,865 kg ⑥ 6390 kg = 6,39 t
⑦ 450 g = 0,45 kg ⑧ 23 mg = 0,023 g

b) Individuelle Lösungen

1.8 Maßstab

Seite 30 | Einstieg

Der Maßstab unten rechts bedeutet: 1,5 cm auf der Karte entsprechen 2 km in der Wirklichkeit. Die Insel Spiekeroog ist auf der Karte etwa 7,5 cm lang und (an den schmaleren Stellen) etwa 1,5 cm breit, in Wirklichkeit beträgt die Länge also etwa 10 km, die Breite 2 cm.

Seite 31 | Aufgabe 1

a) 1 : 2000 bedeutet, dass 1 cm auf der Karte 2000 cm = 20 m in Wirklichkeit sind.

b) 1 : 50 000 bedeutet, dass 1 cm auf der Karte 50 000 cm = 500 m in Wirklichkeit sind.

c) 1 : 250 000 bedeutet, dass 1 cm auf der Karte 250 000 cm = 2,5 km in Wirklichkeit sind.

d) 1 : 4 000 000 bedeutet, dass 1 cm auf der Karte 4 000 000 cm = 40 km in Wirklichkeit sind.

Seite 31 | Aufgabe 2

	Maßstab	Länge in der Karte	Länge in Wirklichkeit
a)	1 : 5	5 cm	25 cm
b)	1 : 100	4 cm	400 cm = 4 m
c)	1 : 5000	2 cm	10 000 cm = 100 m
d)	1 : 20 000	3 cm	60 000 cm = 600 m

Seite 31 | Aufgabe 3

240 000 cm = 2400 m

Seite 31 | Aufgabe 4

	Astrid	Lea	Sarah
Maßstab der Karte	1 : 100 000	1 : 50 000	1 : 25 000
Entfernung auf der Karte	6 cm	9 cm	20 cm
Entfernung in Wirklichkeit	6 km	4,5 km	5 km

Astrid wohnt am weitesten von der Schule entfernt.

Seite 32 | Aufgabe 5

In der Zeichnung ist das Feld 6 cm lang und 3 cm breit.

Seite 32 | Aufgabe 6

	Maßstab	Länge im Bild	Länge in Wirklichkeit
a)	1 : 3	5 cm	15 cm
b)	1 : 50	4 cm	2 m
c)	1 : 1000	5 cm	50 m
d)	1 : 20 000	40 cm	8 km

Seite 32 | Aufgabe 7

a) Automobil: 1 : 100; Brandenburger Tor: 1 : 1000; Deutschlandkarte: 1 : 20 000 000;
Erde: 1 : 1 000 000 000

b)

	Maßstab	Länge im Bild	Länge in Wirklichkeit
Automobil	1 : 100	3,3 cm	3,3 m
Brandenburger Tor	1 : 1000	2,6 cm	26 m
Nord-Süd Ausdehnung	1 : 20 000 000	4 cm	800 km
Durchmesser der Erde	1 : 100 000 000	1 cm	10 000 km

Seite 32 | Aufgabe 8

	Maßstab	Länge im Bild	Länge in Wirklichkeit
a)	1 : 50	10 cm	5 m
b)	1 : 100	5 cm	5 m
c)	1 : 20	200 cm	4000 cm
d)	1 : 20 000	4 cm	800 m

Seite 32 | Aufgabe 9

a) Ohne Maßstab kann man nicht von der Länge einer Strecke auf dem Plan auf die Entfernung in Wirklichkeit schließen.

b) Die Entfernung beträgt 6 cm · 25 000 = 150 000 cm = 1500 m.

c) 2 cm

Seite 33 | Aufgabe 10

a) Tim hat die Länge der Bildstrecke (hier der Länge des nachgebauten Autos) mit der Originallänge verwechselt: Sein Auto ist in Wirklichkeit 40 cm · 5 = 200 cm = 2 m lang.

b) Originallänge von Fynns Auto. 40 cm · 6 = 240 cm = 2,4 m. „1 : 5" und „1 : 6" sind nicht fast gleich.

Seite 33 | Aufgabe 11

a) 1 : 500: Modellhöhe 60 cm; 1 : 1000: Modellhöhe 30 cm; 1 : 2000: Modellhöhe 15 cm.

b) Jonas hat Recht. Ein größerer Maßstab bedeutet, dass ein Zentimeter im Modell mehr Zentimetern in der Wirklichkeit entspricht, das Modell also für ein größeres Original steht. Wenn umgekehrt das gleiche Original abgebildet wird, dann wird das Modell kleiner.

Seite 33 | Aufgabe 12

a) Toms Zimmer ist 3 m lang und 3 m breit.
① Maßstab 1 : 5; 3 m entsprechen im Bild 60 cm. ② Maßstab 1 : 10; 3 m entsprechen im Bild 30 cm.
③ Maßstab 1 : 15: 3 m entsprechen im Bild 20 cm.
Ein DIN-A4-Blatt ist 21 cm breit und 29,7 cm hoch. Tom muss also den Maßstab 1 : 15 verwenden.

b) Das Bett ist in der Zeichnung 6 cm breit und 12 cm lang, der Schreibtisch ist dann 6 cm breit und 3 cm lang, der Kleiderschrank ist im Grundriss 8 cm lang und 4 cm breit.

Seite 33 | Aufgabe 13

a) 1000 m entsprechen 4 cm, also 1 : 25 000

b) 1 km entspricht 1 cm, also 1 : 100 000

c) 50 km entsprechen 2,5 cm, also 1 : 2 000 000

d) 10 km entsprechen 4 cm, also 1 : 250 000

Seite 33 | Aufgabe 14

a) Auf der Nase des steinernen Kopfes ist ein Kletterer zu erkennen, er ist etwa 0,7 cm groß. Ein erwachsener Mensch ist etwa 1,80 groß. Der Kletterer passt ungefähr 7-Mal in den Kopf (wenn man das nicht ganz zu sehende Kinn dazuzählt), der Kopf ist also in Wirklichkeit etwa 12,6 m lang.

b) Ein Körper eines Erwachsenen ist etwa 7-Mal so lang wie sein Kopf. Bei einer Kopflänge von 12,6 m ergäbe sich also für die gesamte Statue eine Länge von etwa 88 m.

c) Wenn 0,7 cm im Bild 1,80 m in Wirklichkeit entsprechen, ergibt dies einen Maßstab von etwa 1 : 250.

1.9 Vermischte Aufgaben

Seite 34 | Aufgabe 1

a)

Körpergröße	131 cm - 140 cm	141 cm - 150 cm	151 cm - 160 cm	161 cm - 170 cm
Anzahl	1	12	14	3

b) $1 + 12 + 14 + 3 = 30$. In Marias Klasse sind 30 Schülerinnen und Schüler (wenn alle an der Umfrage teilgenommen haben).

c) $14 + 3 = 17$ Schülerinnen und Schüler sind größer als 150 cm.

d) $1 + 12 + 14 = 27$ Schülerinnen und Schüler sind höchstens 160 cm groß.

e) Da die Ergebnisse nicht nach Mädchen und Jungen aufgegliedert sind, kann man diese Information dem Diagramm nicht entnehmen.

Seite 34 | Aufgabe 2

a) In der dritten Zeile sind die gerundeten Werte aufgeführt.

Hannover	Braunschweig	Oldenburg	Osnabrück	Wolfsburg	Göttingen	Hildesheim
518 386	247 227	159 610	156 315	122 457	116 891	99 390
520 000	250 000	160 000	160 000	120 000	120 000	100 000

b)

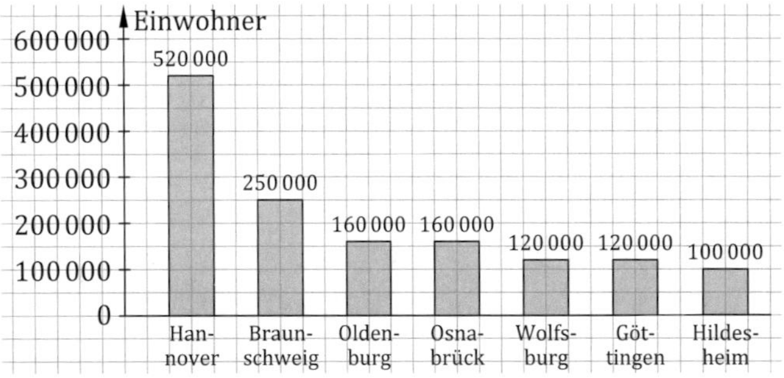

Seite 34 | Aufgabe 3

a) Der maximale Rundungsfehler beim Aufrunden auf volle Euro beträgt 50 ct. Hat Regina bei 6 Artikeln um diesen maximalen Rundungsfehler aufgerundet, so muss sie 3 € weniger bezahlen als berechnet. Es müssen also mindestens 6 Artikel gewesen sein.

b) Der maximale Rundungsfehler beim Abrunden auf ganze Euro beträgt 49 Cent. Hier ergäbe sich also bei 6 Artikeln insgesamt 2 € und 94 Cent, noch nicht ganz 3 [3]. Genau 3 € mehr als berechnet kann man also erst mit 7 Artikeln erreichen.

Seite 34 | Aufgabe 4

a) 1000   b) 9 999 999   c) 2211

d) 8 888 899 999   e) 999 876 543 210

Seite 34 | Aufgabe 5

a) 1 g Gold war 2012 40 € wert, also kosteten 25 kg 1 000 000 €.

b) Ende 2014 war 1 g Gold etwa 39 US$ wert und damit etwa 31,4 €. Für 25 kg ergab sich damit ein Wert von 785 000 €.

c) Eine Tüte Gummibärchen (200 g) kostet zwischen 1 € und 1,50 €. Geht man von dem Goldpreis 2012 aus, so war 1 kg Gold 40 000 € wert, dafür bekommt man 26 000 bis 40 000 Tüten Gummibärchen.

Seite 35 | Aufgabe 6

a) Die Menschen vor den Riesenschuhen sind im Bild etwa 0,7 cm groß. Geht man von einer durchschnittliche Größe von 1,80 m aus, so ergibt sich ein Maßstab von etwa 1 : 250.
Der Riesenschuh ist im Bild etwa 3,5 cm lang, damit ergibt sich eine Originallänge von ca. 8,75 m.

b) Mit einem Schritt legt man etwa die doppelte Fußlänge zurück, beim Gehen macht man etwa 60 Schritte in der Minute. Mit den Riesenfüßen könnte man also in einer Minute ca. 1050 m zurücklegen.

Seite 35 | Aufgabe 7

Blaue Blüte:

Esel	Ziege	Hunde	Enten	Pferde	Hasen	Schafe	Schweine	Hühner	Kühe
1	1	2	3	5	8	10	10	12	20

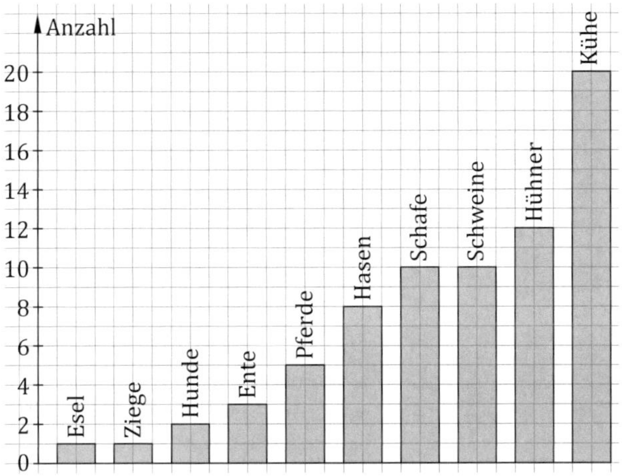

Rote Blüte: Gewicht aller 10 Schweine: $10 \cdot 200$ kg = 2000 kg = 2 000 000 g = 2 t

Gelbe Blüte: 3000 g sind 3 kg. Die 5 Pferde fressen pro Tag $5 \cdot 3$ kg = 15 kg, an sieben Tagen also $7 \cdot 15$ kg = 105 kg.
Die vier 25-Kilogramm-Säcke ergeben 100 kg, sie reichen also nicht ganz.

Grüne Blüte: Monatsverbrauch Kraftfutter pro Pferd: $30 \cdot 3$ kg = 90 kg;
Kosten: $90 \cdot 50$ Cent = 45 €
Monatsverbrauch Heu pro Pferd: $30 \cdot 6$ kg = 180 kg; Kosten: $180 \cdot 5$ Cent = 9 €
Monatsverbrauch Stroh pro Pferd: $30 \cdot 1$ kg = 30 kg; Kosten: $30 \cdot 3$ Cent = 0,9 €
Gesamtkosten: 45 € + 9 € + 0,9 € = 54,9 € ≈ 55 €

Seite 35 | Aufgabe 8

100 ist mehr als doppelt so groß wie 45. Ist ein Modellflugzeug also halb so groß wie ein anderes, aber in einem mehr als doppelt so großem Maßstab gebaut, so ist es etwas größer.
Aussage a) ist also falsch, Aussage b) richtig.
90 ist dagegen genau doppelt so viel wie 45. Ist ein Modell halb so groß wie ein anderes, aber im doppelten Maßstab dargestellt, so ist es gleich groß. Aussage c) ist damit richtig.

Seite 35 | Aufgabe 9

		Landkarten	Touristenkarten	Wanderkarten	Stadtpläne
Maßstab		1 : 100 000	1 : 50 000	1 : 20 000	1 : 10 000
Entfernung auf den Karten/ Plänen		2 cm	6 cm	5 cm	6 cm
Entfernung in der Wirklichkeit	in cm	200 000 cm	300 000 cm	100 000 cm	60 000 cm
	in m	2 000 m	3000 m	1000 m	600 m
	in km	2 km	3 km	1 km	0,6 km

2. Rechnen mit natürlichen Zahlen

2.1 Addieren und Subtrahieren

Seite 42 Einstieg

12 € + 12 € - 8 € - 3 € - 6 € - 2 € = 5 €

Maria hat am Ende des Tages auf dem Rummel noch 5 €.

Seite 42 | Aufgabe 1

a) 78	b) 118	c) 51	d) 93	e) 678	f) 462
g) 86	h) 106	i) 94	j) 82	k) 722	l) 713

Seite 42 | Aufgabe 2

a) 48	b) 51	c) 27	d) 108	e) 87	f) 182
g) 37	h) 32	i) 59	j) 247	k) 131	l) 99

Seite 42 | Aufgabe 3

a) $100 + 77 = 177$	b) $133 + 25 = 158$	c) $150 - 21 = 129$	d) $60 - 49 = 11$
e) $65 - 15 = 50$	f) $94 - 69 = 25$	g) $47 + 33 = 80$	h) $230 + 116 = 346$

Seite 43 | Aufgabe 4

a) 74	b) 607	c) 17	d) 161	e) 3	f) 597

Seite 43 | Aufgabe 5

a) richtig, da $25 + 42 = 67$

b) richtig, da $34 + 58 = 92$

c) falsch, $94 + 43 = 137$ und $187 - 43 = 144$

d) richtig, da $48 + 269 = 317$

e) falsch, $144 + 57 = 201$ und $191 - 57 = 134$

f) richtig, da $256 + 287 = 543$

g) falsch, $263 + 359 = 622$ und $612 - 359 = 253$

h) richtig, da $156 + 568 = 724$

Seite 43 | Aufgabe 6

a) 17, da $17 + 43 = 60$	b) 11, da $11 + 22 = 33$	c) 42, da $42 + 49 = 91$
d) 12, da $12 + 92 = 104$	e) 150, da $150 + 125 = 275$	f) 123, da $123 + 77 = 200$

Seite 43| Aufgabe 7

a) 28	b) 41	c) 110	d) 130	e) 26	f) 54
g) 7	h) 139	i) 290	j) 280	k) 242	l) 667

Seite 43 | Aufgabe 8

a) $89 - 34 = 55$

b) $77 - 22 = 55$, also gilt $22 + 55 = 77$ und die zweite Zahl ist 55.

c) $65 - 28 = 37$; also $65 - 37 = 28$, subtrahiert man von 65 die Zahl 37 erhält man 28.

Seite 43 | Aufgabe 9

Es sind insgesamt $27 + 33 = 60$ Tore gefallen, die Tordifferenz beträgt $33 - 27 = 6$.

Seite 44 | Aufgabe 10

a) ① $86 - 12 = 74$, zerlege eine Zahl in Zehner und Einer

② $165 - 87 = 78$, zu viel subtrahieren und anschließend addieren

③ $3034 + 99 = 3133$, zu viel addieren und anschließend subtrahieren

④ $312 + 175 = 487$, zerlege eine Zahl in (Hunderter,) Zehner und Einer

⑤ $9288 - 69 = 9219$, zu viel subtrahieren und anschließend addieren

b) ① $61 - 43 = 18$, da Umkehraufgabe: $18 + 43 = 61$

② $452 - 54 = 398$, da Umkehraufgabe: $398 + 54 = 452$

③ $1399 - 99 = 1300$, da Umkehraufgabe: $1300 + 99 = 1399$

④ $64 + 125 = 189$, da Umkehraufgabe: $189 - 64 = 125$

⑤ $88 - 17 = 71$, da Umkehraufgabe $71 + 17 = 88$

⑥ $0 + 623 = 623$, da Umkehraufgabe $623 - 623 = 0$

Seite 44 | Aufgabe 11

a) $365 - 27 = 365 - 20 - 7 = 345 - 7 = 338$

b) $206 - 49 = 206 - 50 + 1 = 156 + 1 = 157$

Seite 44 | Aufgabe 12

a) $250 - 185 = 65$, denn $185 + 15 = 200$; $200 + 50 = 250$ und $15 + 50 = 65$

b) $727 - 573 = 154$, denn $573 + 27 = 600$; $600 + 127 = 727$ und $27 + 127 = 154$

c) $2074 - 1977 = 97$, denn1977 $+ 23 = 2000$; $2000 + 74 = 2074$ und $23 + 74 = 97$

d) $8115 - 7738 = 377$, denn $7738 + 62 = 7800$; $7800 + 315 = 8115$ und $62 + 315 = 377$

Seite 44 | Aufgabe 13

a) $47 + 18 = 65$

b) $81 - 43 = 38$

c) $96 - 56 = 40$

d) $17 + 35 = 52$

e) $134 - 131 = 3$

f) $149 + 57 = 206$

g) $67 + 74 = 141$

Seite 44 | Aufgabe 14

a) Das Ergebnis wird um 5 kleiner, also $100 - 25 = 75$

b) Das Ergebnis wird um 8 kleiner, also $37 - 12 = 25$

c) Die Summe wird um 12 größer, also $61 + 33 = 94$

Seite 44 | Aufgabe 15

a) $66 - 19 = 47$; $66 - 47 = 1$

b) $19 + 47 = 66$

c) $47 - 35 = 12$

d) $197 + 133 + 84 = 414$

e) $84 + 35 - 19 = 100$

Seite 44 | Aufgabe 16

Die Lösung 6 stimmt, da die Umkehraufgabe $14 - 8 = 6$ richtig ist. Margas Fehler beim Abzählen liegt darin, dass sie bei der 8 mit dem Zählen beginnt. Richtiges Weiterzählen wäre mit der Zahl zu beginnen, die Zahl 8 folgt, also: 9, 10, 11, 12, 13 und 14. Dies sind dann ebenfalls 6 Zahlen.

Seite 45 | Aufgabe 17

a) Aufgabe zum Subtrahieren : 33,50 € − 5,20 € = 28,30 €. Aishe hat 28,30 € ausgegeben.

b) Aufgabe zum Addieren:
Für einen Erwachsenen und ein Kind beträgt der Eintritt 6 € + 3 € = 9 €

c) Aufgabe zum Addieren:
Bei einem Getränk für Merle, Pia, Elisa und Wiebke gilt
1,50 € + 1,50 € + 1,50 € + 1,50 € = 6,00 €. Da ist der Freundschaftspreis günstiger:
Für 5 € bekommen sie dagegen sogar ein Getränk mehr.

d) Hier passt keine Aufgabe zum Subtrahieren oder Addieren sondern eine Aufgabe zum Dividieren: 25 km : 5 = 5 km, das heißt, jede Person der Staffel muss 5 km laufen.

Seite 45 | Aufgabe 18

a) Hendrik geht mit 3 € im Portemonnaie zum Fußballtraining und findet auf dem Fußballplatz ein 50-Cent-Stück. Kann er nach dem Training die Pommes Frites für 3,20 € kaufen?

b) Von 62 Würfen mit einem Dartpfeil auf die Zielscheibe gehen 39 neben die Zielscheibe und 15 treffen zwar die Zielschreibe, jedoch nicht in die Mitte. Wie viele Würfe gehen in die Mitte der Zielscheibe?

c) Katharina, Else und Oleg kaufen Kinokarten, die mit vollem Preis 8 € kosten. Da sie jedoch Schüler sind, wird jedem 3 € Rabatt gewährt. Wie viel haben sie alle zusammen gezahlt?

Seite 45 | Aufgabe 19

a) Zwischen 2006 und 2007 ist Manuela mit 9 cm am stärksten gewachsen.

b) Zwischen 2009 und 2013 ist sie insgesamt 148 cm − 120 cm = 28 cm gewachsen.

Seite 45 | Aufgabe 20

a) $842 + 87 - 97 = 832$. Im Schuljahr 2014/2015 besuchten 832 Schüler die Carl-Friedrich-Gauß-Schule.

b) $842 - 91 + 99 = 850$: Im Jahr zuvor waren es 850 Schüler.

Seite 45 | Aufgabe 21

Das Kind links ist 125 cm groß, das Kind rechts ist 155 cm groß

Seite 45 | Aufgabe 22

Die gedachte Zahl ist 101.

Lösung durch Rückwärtsrechnen: $47 + 41 - 19 + 32 = 101$

Eigenes Zahlenrätsel: „Ich denke mir eine Zahl, subtrahiere davon 17, addiere dann 28, subtrahiere 34 und erhalte 12. Wie heißt meine Zahl?" Lösung: 35

2.2 Multiplizieren und Dividieren

Seite 46 | Einstieg

6 Reihen mit je 5 Eiern ergeben $6 \cdot 5 = 30$ Eier.

Seite 46 | Aufgabe 1

a) $5 \cdot 7 = 35$ b) $4 \cdot 19 = 76$ c) $6 \cdot 13 = 78$

Seite 46 | Aufgabe 2

a) 172	b) 310	c) 510	d) 584	e) 492	f) 720
g) 114	h) 266	i) 440	j) 288	k) 594	l) 2079

Seite 46 | Aufgabe 3

a) 11	b) 32	c) 12	d) 14	e) 18	f) 12
g) 19	h) 19	i) 19	j) 49	k) 9	l) 19

Seite 47 | Aufgabe 4

a) Richtig, da $17 \cdot 3 = 51$
b) Richtig, da $4 \cdot 13 = 52$
c) Richtig, da $12 \cdot 8 = 96$
d) Falsch, da $15 \cdot 7 = 105$ und somit $105 : 7 = 15$
e) Richtig, da $18 \cdot 9 = 162$
f) Falsch, da $9 \cdot 17 = 153$ und somit $153 : 17 = 9$
g) Falsch, da $11 \cdot 12 = 132$ und somit $132 : 12 = 11$
h) Richtig, da $22 \cdot 25 = 550$

Seite 47 | Aufgabe 5

a) $54 : 6 = 9$ Probe: $9 \cdot 6 = 54$
b) $56 : 7 = 8$ Probe: $8 \cdot 7 = 56$
c) $0 : 10 = 0$ Probe: $0 \cdot 10 = 0$
d) $84 : 4 = 21$ Probe: $21 \cdot 4 = 84$
e) nicht lösbar, da die Division durch 0 nicht definiert ist
f) $147 : 7 = 21$ Probe: $21 \cdot 7 = 147$
g) $175 : 25 = 7$ Probe: $7 \cdot 25 = 175$
h) $480 : 40 = 12$ Probe: $12 \cdot 40 = 480$

Seite 47 | Aufgabe 6

a) $8 \cdot 8 = 64$	b) $7 \cdot 12 = 84$	c) $10 \cdot 23 = 230$	d) $2800 \cdot 1 = 2800$
e) $70 : 10 = 7$	f) $72 : 6 = 12$	g) $60 : 12 = 5$	h) $110 : 11 = 10$
i) $119 : 7 = 17$	j) $200 : 200 = 1$	k) $344 : 8 = 43$	l) $408 : 51 = 8$

Seite 48 | Aufgabe 7

a) $1 \cdot 7 = 7$	b) $5 \cdot 22 = 110$	c) $8 \cdot 25 = 200$
d) $30 \cdot 41 = 1230$	e) $8 \cdot 111 = 888$	f) $46 \cdot 99 = 4554$
g) $150 : 5 = 30$	h) $288 : 1 = 288$	i) $903 : 3 = 301$

Seite 48 | Aufgabe 8

a) $17 \cdot 12 = 17 \cdot 10 + 17 \cdot 2 = 170 + 34 = 204$

b) $60 : 12 = 5$ (Man darf nur den Zähler in Summanden zerlegen.)

c) $39 : 13 = 3$, da $3 \cdot 13 = 39$ (falsche Umkehrrechnung)

d) $5 \cdot 4 \cdot 7 = 20 \cdot 7 = 140$ (richtiges Ergebnis, Rechnung falsch notiert)

Seite 48 | Aufgabe 9

a) $4 \cdot 12 = 48$; $4 \cdot 6 = 24$; $4 \cdot 48 = 192$; $4 \cdot 3 = 12$

b) $12 \cdot 10 = 120$; $24 \cdot 5 = 120$; $2 \cdot 60 = 120$

c) $12 : 3 = 4$; $24 : 6 = 4$; $16 : 4 = 4$; $192 : 48 = 4$; $48 : 12 = 4$

d) $60 : 6 = 10$; $60 : 10 = 6$; $60 : 12 = 5$; $60 : 5 = 12$

e) $48 : 16 = 3$; $192 : 16 = 12$

f) $2 \cdot 4 \cdot 24 = 192$

Seite 48 | Aufgabe 10

a)	$5 \cdot 0{,}99\ € = 4{,}95\ €$	Kais Vater zahlt insgesamt 4,95 €.
b)	$108 : 12 = 9$	Bauer Nolte kann 9 Kartons verkaufen.
c)	$21 \cdot 0{,}12\ € = 2{,}52\ €$	Fred bezahlt für 21 Minuten telefonieren 2,52 €.
d)	$582\ € : 3\ € = 194$	Beim Sponsorenlauf wurden insgesamt 194 Runden gelaufen.

Seite 48 | Aufgabe 11

a) Eine Schulklasse mit 28 Schülern soll in 7 gleich großen Gruppen arbeiten. Wie viele Stühle müssen an den Gruppentischen jeweils stehen?

b) In 9 Stunden verliert ein Freibad 45 Liter Wasser. Wie viel Liter Wasser muss dem Schwimmbecken pro Stunde zugeführt werden um die Wasserhöhe konstant zu halten?

c) Norman hat 11 verschiedene T-Shirts, 12 verschiedene Hosen und 5 verschiedene Schuhpaare und möchte jeden Tag eine andere Kleidungskombination tragen. Nach wie vielen Tagen muss er spätestens eine Kombination anziehen, die er schon einmal getragen hat?

Seite 48 | Aufgabe 12

a) $17 \cdot 25\ m = 425\ m$. Sie hat bereits 425 m zurückgelegt.

b) $1000 : 25 = 40$; 40 Bahnen − 17 Bahnen = 23 Bahnen.
Sie muss noch 23 Bahnen schwimmen.

c) $40 \cdot 49\ s = 1960\ s$. Sie benötigt 1960 s, also 32,7 min.

Seite 48 | Aufgabe 13

a) Wenn man einen Faktor verdoppelt, verdoppelt sich auch das Produkt.
z.B.: $4 \cdot 4 = 16$ und $(2 \cdot 4) \cdot 4 = 8 \cdot 4 = 32 = 2 \cdot 16$

b) Wenn man beide Faktoren verdoppelt, vervierfacht sich das Produkt.
z.B.: $4 \cdot 4 = 16$ und $(2 \cdot 4) \cdot (2 \cdot 4) = 8 \cdot 8 = 64 = 4 \cdot 16$

c) Wenn man einen Faktor halbiert und den anderen verdoppelt, so bleibt das Produkt konstant.
z.B.: $4 \cdot 4 = 16$ und $2 \cdot 8 = 16$

d) Wenn man den Divisor verdoppelt, so halbiert sich der Quotient.
z.B. $8 : 4 = 2$ und $8 : (2 \cdot 4) = 8 : 8 = 1$

e) Wenn man den Dividenden verdoppelt, so verdoppelt sich der Quotient.
z.B.: $8 : 4 = 2$ und $(2 \cdot 8) : 4 = 16 : 4 = 4$

f) Wenn man den Divisor und den Dividenden verdoppelt, so bleibt der Quotient konstant.
z.B.:$8 : 4 = 2$ und $(2 \cdot 8) : (2 \cdot 4) = 16 : 8 = 2$

2.3 Rechnen mit allen Grundrechenarten

Seite 49 | Einstieg

Laura: a) ist richtig, b) wäre mit folgenden Klammern richtig: $39 - (27 + 3) = 39 - 30 = 9$
Christoph: a) wäre mit folgenden Klammern richtig: $(4 + 6) \cdot 7 = 10 \cdot 7 = 70$, b) ist richtig

Seite 49 | Aufgabe 1

a) $30 - (28 - 14) = 30 - 14 = 16$

b) $141 - (62 + 43) = 141 - 105 = 36$

c) $(12 + 7) - (8 + 5) = 19 - 13 = 6$

d) $(96 - 15) + (33 - 18) = 81 - 15 = 66$

e) $(16 - 3) \cdot 3 = 13 \cdot 3 = 39$

f) $9 \cdot (27 - 15) = 9 \cdot 12 = 108$

g) $(16 - 4) \cdot (18 - 12) = 12 \cdot 6 = 72$

h) $(56 - 14) : (6 + 15) = 42 : 21 = 2$

Seite 49 | Aufgabe 2

a) 47	b) 25	c) 45	d) 20
e) 94	f) 5	g) 60	h) 52

Seite 50 | Aufgabe 3

a) $1 = 1$	b) $44 \neq 18$	c) $10 \neq 52$	d) $49 \neq 21$
e) $70 \neq 34$	f) $4 \neq 40$	g) $265 \neq 400$	h) $0 \neq 102$

Seite 50 | Aufgabe 4

a) 350	b) 39	c) 122
d) 60	e) 116	f) 50
g) 2	h) 36	i) 95

Seite 50 | Aufgabe 5

a)

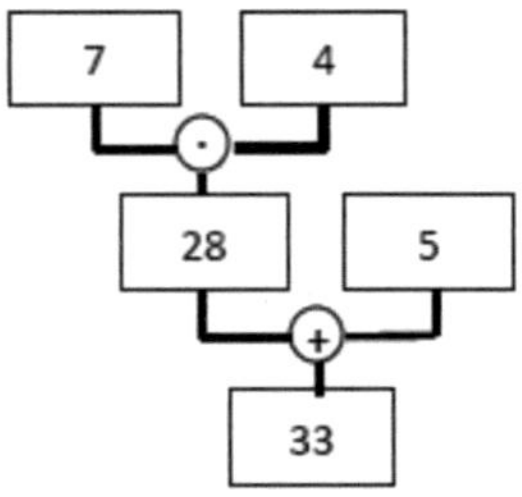

$7 \cdot 4 + 5 = 33$

b)

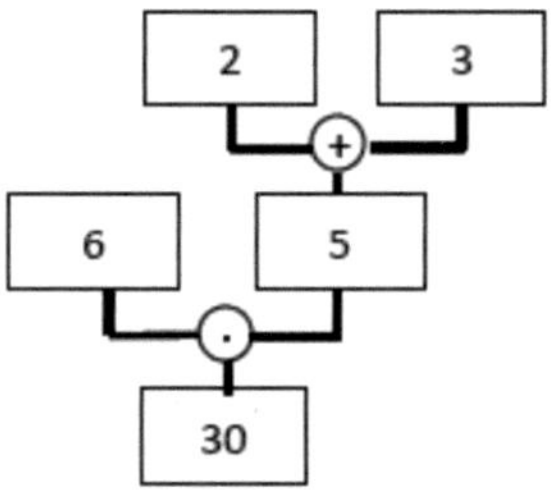

$6 \cdot (2 + 3) = 30$

c)

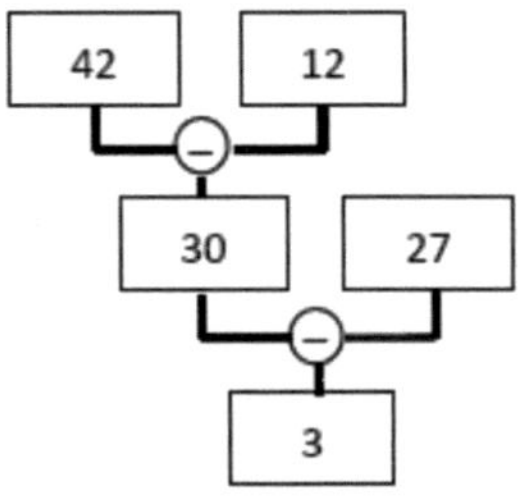

$(42 - 12) - 27 = 3$

d)

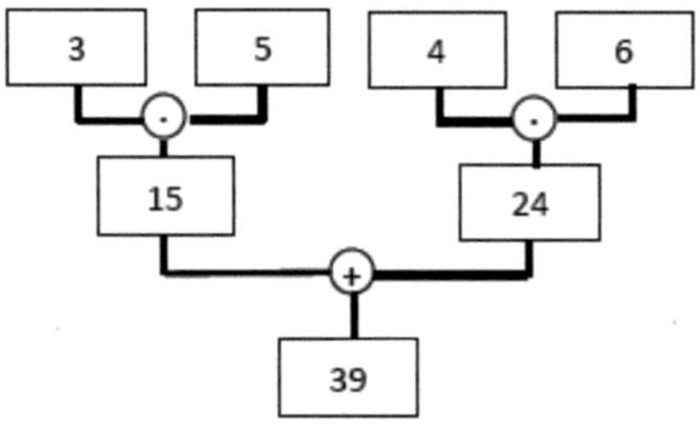

$3 \cdot 5 + 4 \cdot 6 = 39$

Seite 50 | Aufgabe 6

a)

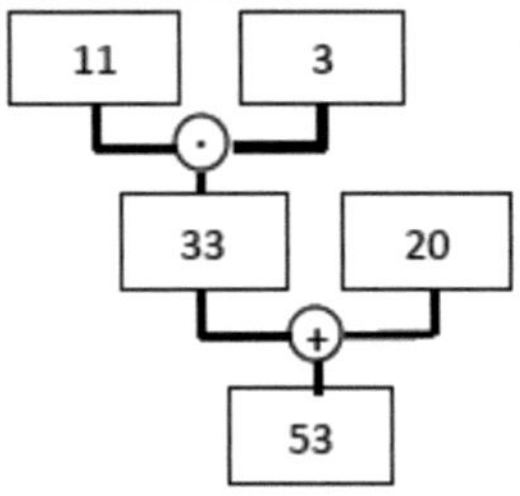

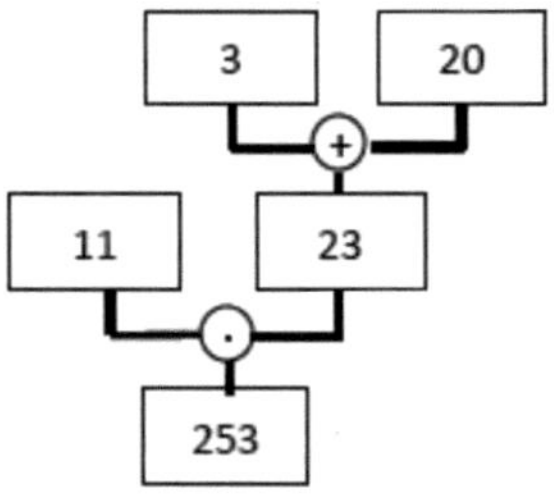

b)

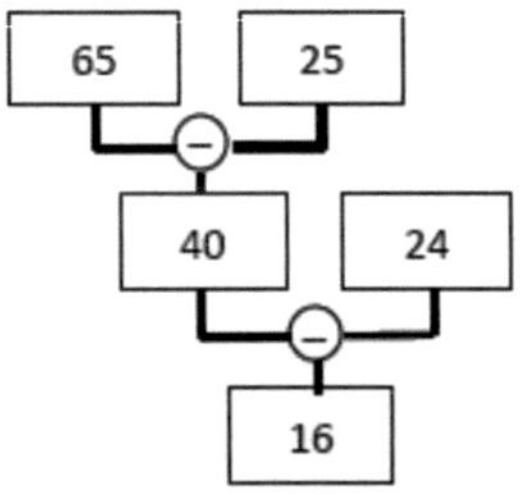

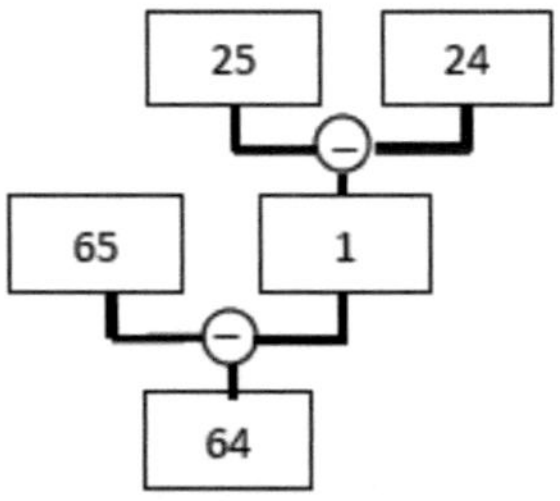

c)

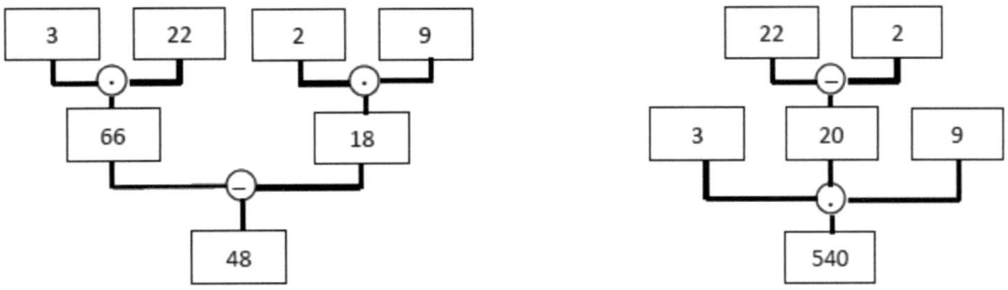

d)

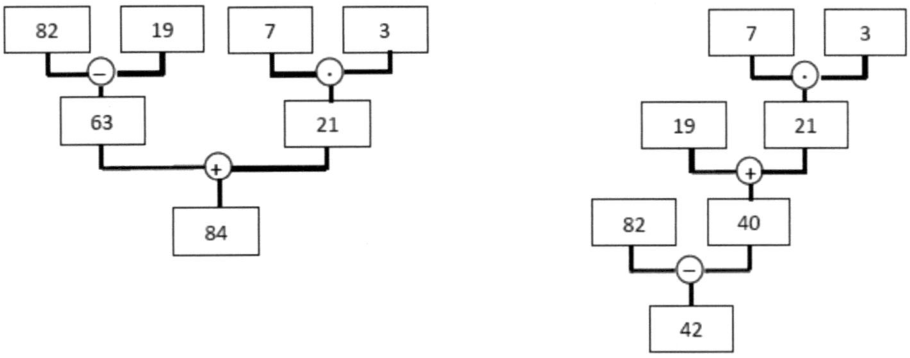

Seite 50 | Aufgabe 7

a) Punkt- vor Strichrechnung wurde nicht beachtet. $27 - 5 \cdot 3 = 27 - 15 = 12$

b) Klammer muss zuerst aufgelöst werden. $12 \cdot (2 + 7) = 12 \cdot 9 = 108$

c) Die Subtraktion ist nicht assoziativ. $46 - 22 - 12 = 24 - 12 = 12$

d) Hier entstand durch einen formalen Fehler eine Gleichung mit falscher Aussage. $23 + 55 + 34 = 78 + 34 = 112$

Seite 50 | Aufgabe 8

a) Zunächst Klammern berechnen und dann multiplizieren:
$(51 + 29) \cdot (10 - 3) = 80 \cdot 7 = 560$

b) Zunächst Klammern berechnen, dann Subtrahieren:
$(45 : 3) - (6 \cdot 2) = 15 - 12 = 3$
Hier könnte man die Klammern weglassen, da Punktrechnung vor Strichrechnung gilt.

c) Zunächst Klammern berechnen und dann subtrahieren:
$(50 + 350) - (210 - 90) = 400 - 120 = 280$
Die Klammer um die Summe könnte man auch weglassen.

d) Zunächst die Klammer unter Beachtung von Punkt- vor Strichrechnung berechnen:
$130 + (12 \cdot 9 - 12) = 130 + (108 - 12) = 130 + 96 = 226$
Die Klammer kann man weglassen (Punkt- vor Strichrechnung)

e) Zunächst die Klammer unter Beachtung von Punkt- vor Strichrechnung:
$130 - (12 \cdot 9 - 12) = 130 - (108 - 12) = 130 - 96 = 34$

f) Zunächst die Klammern und anschließend zuerst Punktrechnung, dann Strichrechnung:
$(16 \cdot 8) : 2 + (142 - 98) = 128 : 2 + 44 = 64 + 44 = 108$
Die Klammern könnte man weglassen.

Seite 50 | Aufgabe 9

a) $2 \cdot (8 + 10) = 36$

b) $(140 - 12) : 2 = 64$

c) $3 \cdot (4 \cdot 2 + 4) = 36$

d) $(2 + 6) \cdot (16 - 1) = 120$

e) $70 - (10 - 3 - 1) = 64$

f) $(36 - (11 \cdot 2 + 2)) \cdot 10 = 120$

Seite 50 | Aufgabe 10

a) $8 - (3 + 4) = 8 - 7 = 1$

b) $9 \cdot (8 + 7) = 9 \cdot 15 = 135$

c) $5 - (7 : 7) = 5 - 1 = 4$

d) $9 + (8 - 6) \cdot 3 = 9 + 2 \cdot 3 = 9 + 6 = 15$

Seite 51 | Aufgabe 11

a)

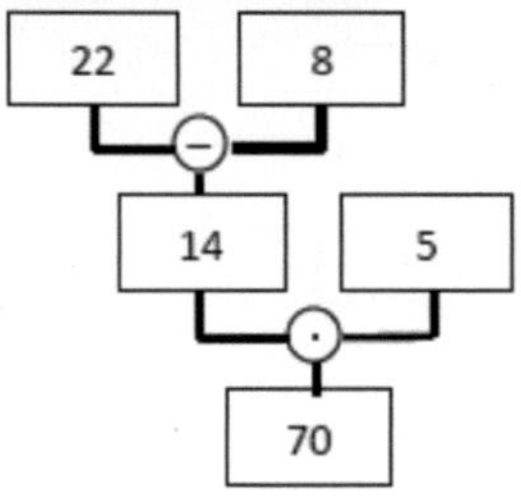

b)

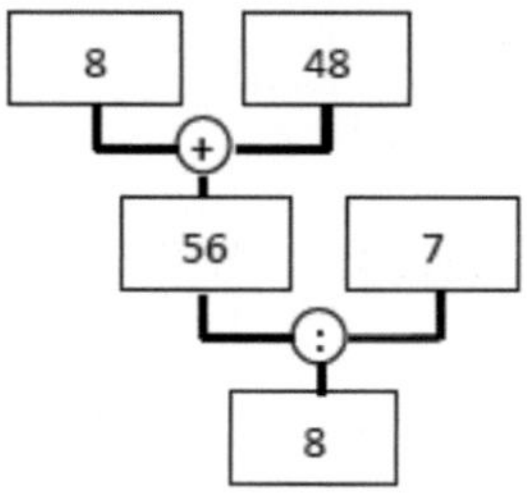

c)

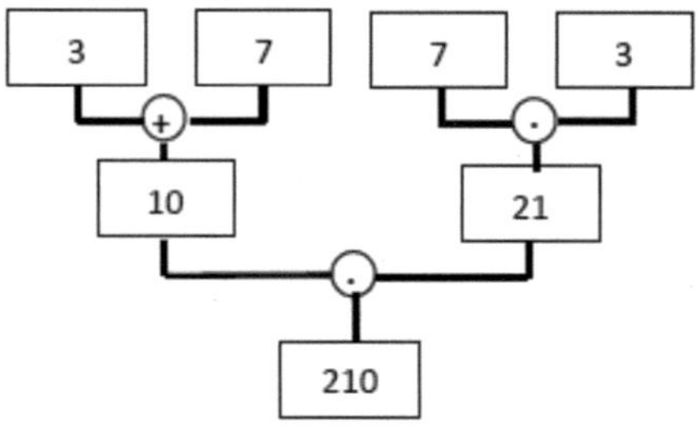

Seite 51 | Aufgabe 12

a) $6 \cdot 9 : 2 = 27$

b) $(5 + 22) : 3 = 9$

c) $20 - 78 : 13 = 14$

d) $5 + 60 + 5 \cdot 60 = 365$

e) $(18 - 14) \cdot (18 + 14) = 128$

Seite 51 | Aufgabe 13

Subtrahiere die Summe aus 7 und 5 von 20: $20 - (7 + 5) = 8$

Addiere 7 und das Produkt aus 20 und 5: $7 + 20 \cdot 5 = 107$

Addiere 7 zur Differenz aus 20 und 5: $20 - 5 + 7 = 22$

$20 - 7 + 5 = 18$: Subtrahiere 7 von 20 und addiere dann 5.

$20 : 5 + 7 = 11$: Addiere 7 zum Quotienten aus 20 und 5.

$7 - 5 + 20 = 22$: Subtrahiere 5 von 7 und addiere dann 20.

$7 + 20 \cdot 5 = 107$: Addiere 7 und das Produkt aus 20 und 5.

$(7 + 20) \cdot 5 = 135$: Multipliziere die Summe aus 7 und 20 mit 5.

$20 - 5 + 7 = 22$: Subtrahiere 5 von 20 und addiere dann 7.

$20 - (7 + 5) = 8$: Subtrahiere von 20 die Summe aus 7 und 5.

Seite 51 | Aufgabe 14

a) $3 \cdot [27 - (19 - 3)] = 3 \cdot [27 - 16] = 3 \cdot 11 = 33$

b) $[23 - (8 + 6)] \cdot 5 = [23 - 14] \cdot 5 = 9 \cdot 5 = 45$

c) $[6 : (2 \cdot 3) + 7] \cdot 9 = [6 : 6 + 7] \cdot 9 = [1 + 7] \cdot 9 = 8 \cdot 9 = 72$

d) $18 \cdot [9 - 5 - (1 + 2)] = 18 \cdot [9 - 5 - 3] = 18 \cdot 1 = 18$

Seite 51 | Aufgabe 15

$100\text{ €} - 49\text{ €} - 19\text{ €} - 9\text{ €} = 23\text{ €}$

Seite 51 | Aufgabe 16

$3 \cdot (6 \cdot 2 + 4 \cdot 1) = 3 \cdot (12 + 4) = 3 \cdot 16 = 48$

Die Pension hat insgesamt 48 Betten.

Seite 51 | Aufgabe 17

$30 \cdot 40\text{ €} - 150{,}50\text{ €} - 800\text{ €} - 222{,}50\text{ €} = 27\text{ €}$

$27\text{ €} : 30 = 0{,}90\text{ €}$

Jedes Kind hat 0,90 € zu viel gezahlt.

Seite 51 | Aufgabe 18

a) $113 - 79 = 34$; $175 : 5 = 35$, also: $(113 - 79) + 1 = 175 : 5$

Die gesuchte Zahl ist 1.

b) $126 + 77 = 203$, $(49 + 9) : 2 = 29$, also: $(126 + 77) : 7 = (49 + 9) : 2$
Die gesuchte Zahl ist 7.

c) individuelle Lösungen

2.4 Rechengesetze der Addition und Multiplikation

Seite 52 | Einstieg

Lukas wird am schnellsten sein, weil er je zwei Zahlen so zusammenfasst, dass das Zwischenergebnis 10 ist.

Seite 53 | Aufgabe 1

a) $(15 + 25) + 18 = 40 + 18 = 58$
b) $73 + (21 + 29) = 73 + 50 = 123$
c) $10 + (89 + 11) + 7 = 10 + 100 + 7 = 117$
d) $(32 + 6 + 2) + 25 = 40 + 25 = 65$
e) $15 + (24 + 16) + (33 + 17) = 15 + 40 + 50 = 105$
f) $(41 + 29) + 27 + (32 + 28) = 70 + 27 + 60 = 157$

Seite 53 | Aufgabe 2

a) $17 + 12 + 13 + 18 = 17 + 13 + 12 + 18 = (17 + 13) + (12 + 18) = 30 + 30 = 60$
b) $38 + 49 + 22 = 38 + 22 + 49 = (38 + 22) + 49 = 60 + 49 = 109$
c) $69 + 125 + 375 = 69 + (125 + 375) = 69 + 500 = 569$
d) $55 + 29 + 5 + 11 = 55 + 5 + 29 + 11 = (55 + 5) + (29 + 11) = 60 + 40 = 100$
e) $34 + 29 + 16 + 21 = 34 + 16 + 29 + 21 = (34 + 16) + (29 + 21) = 50 + 50 = 100$
f) $187 + 36 + 11 + 54 + 2 = 187 + 11 + 2 + 36 + 54 = (187 + 11 + 2) + (36 + 54) = 200 + 90 = 290$

Seite 54 | Aufgabe 3

a) $17 \cdot 5 \cdot 2 = 17 \cdot (5 \cdot 2) = 17 \cdot 10 = 170$
b) $2 \cdot 50 \cdot 14 = (2 \cdot 50) \cdot 14 = 100 \cdot 14 = 1400$
c) $11 \cdot 12 \cdot 5 = 11 \cdot (12 \cdot 5) = 11 \cdot 60 = 660$
d) $7 \cdot 125 \cdot 8 = 7 \cdot (125 \cdot 8) = 7 \cdot 1000 = 7000$
e) $12 \cdot 12 \cdot 10 = (12 \cdot 12) \cdot 10 = 144 \cdot 10 = 1440$
f) $25 \cdot 11 \cdot 4 \cdot 5 = 25 \cdot 4 \cdot 11 \cdot 5 = (25 \cdot 4) \cdot (11 \cdot 5) = 100 \cdot 55 = 5500$
g) $3 \cdot 5 \cdot 20 \cdot 7 = 3 \cdot (5 \cdot 20) \cdot 7 = 3 \cdot 100 \cdot 7 = 300 \cdot 7 = 2100$
h) $52 \cdot 9 \cdot 11 = 52 \cdot (9 \cdot 11) = 52 \cdot 99 = 52 \cdot (100 - 1) = 5200 - 52 = 5148$

Seite 54 | Aufgabe 4

a) $2 \cdot 16 \cdot 50 = 2 \cdot 50 \cdot 16 = (2 \cdot 50) \cdot 16 = 100 \cdot 16 = 1600$
b) $20 \cdot 9 \cdot 5 \cdot 3 = 20 \cdot 5 \cdot 9 \cdot 3 = (20 \cdot 5) \cdot 9 \cdot 3 = 100 \cdot 9 \cdot 3 = 900 \cdot 3 = 2700$
c) $37 \cdot 25 \cdot 4 = 37 \cdot (25 \cdot 4) = 37 \cdot 100 = 3700$
d) $8 \cdot 2 \cdot 5 \cdot 125 = 8 \cdot 125 \cdot 2 \cdot 5 = (8 \cdot 125) \cdot (2 \cdot 5) = 1000 \cdot 10 = 10\,000$

Seite 54 | Aufgabe 5

a) $3 \cdot 400 = 3 \cdot (4 \cdot 100) = (3 \cdot 4) \cdot 100 = 12 \cdot 100 = 1200$
b) $5000 \cdot 7 = (1000 \cdot 5) \cdot 7 = 1000 \cdot (5 \cdot 7) = 1000 \cdot 35 = 35\,000$
c) $20 \cdot 80 = (2 \cdot 10) \cdot (8 \cdot 10) = (2 \cdot 8) \cdot (10 \cdot 10) = 16 \cdot 100 = 1600$
d) $60 \cdot 30 = (6 \cdot 10) \cdot (3 \cdot 10) = (6 \cdot 3) \cdot (10 \cdot 10) = 18 \cdot 100 = 1800$
e) $300 \cdot 170 = (3 \cdot 100) \cdot (17 \cdot 10) = (3 \cdot 17) \cdot (100 \cdot 10) = 51 \cdot 1000 = 51\,000$
f) $180 \cdot 700 = (18 \cdot 10) \cdot (7 \cdot 100) = (18 \cdot 7) \cdot (10 \cdot 100) = 126 \cdot 1000 = 126\,000$

Seite 54 | Aufgabe 6

$6 + 6 + 6 + 6 = 4 \cdot 6 = 24 = 6 \cdot 4 = 4 + 4 + 4 + 4 + 4 + 4$
Die Multiplikation ist kommutativ (man kann die Reihenfolge vertauschen).
Weitere Beispiele: $2 + 2 + 2 = 3 \cdot 2 = 6 = 2 \cdot 3 = 3 + 3$
$5 + 5 = 2 \cdot 5 = 10 = 5 \cdot 2 = 2 + 2 + 2 + 2 + 2$

Seite 54 | Aufgabe 7

a) $15 + 28 + 25 + 12 + 4 = (15 + 25) + (28 + 12) + 4 = 40 + 40 + 4 = 84$
Wende das Kommutativgesetz der Addition und dann das Assoziativgesetz an
b) $9 + 24 + 13 + 11 + 16 = (9 + 11) + (24 + 16) + 13 = 20 + 40 + 13 = 73$
c) $37 + 21 + 14 + 29 + 16 = 37 + (21 + 29) + (14 + 16) = 37 + 50 + 30 = 117$
d) $8 + 96 + 21 + 31 + 44 = (8 + 21 + 31) + (96 + 44) = 60 + 140 = 200$
e) $27 + 52 + 37 + 38 + 13 = (27 + 13) + (52 + 38) + 37 = 40 + 90 + 37 = 167$
f) $120 + 330 + 170 + 180 = (120 + 180) + (330 + 170) = 300 + 500 = 800$
g) $25 \cdot 7 \cdot 4 = (25 \cdot 4) \cdot 7 = 100 \cdot 7 = 700$
Wende das Kommutativgesetz der Multiplikation und dann das Assoziativgesetz an
h) $40 \cdot 9 \cdot 25 = (40 \cdot 25) \cdot 9 = 1000 \cdot 9 = 9000$
i) $8 \cdot 125 \cdot 18 = (8 \cdot 125) \cdot 18 = 1000 \cdot 18 = 18\,000$
j) $200 \cdot 89 \cdot 5 = (200 \cdot 5) \cdot 89 = 1000 \cdot 89 = 89\,000$
k) $2 \cdot 20 \cdot 5 \cdot 50 = (2 \cdot 5) \cdot (20 \cdot 50) = 10 \cdot 1000 = 10\,000$
l) $75 \cdot 11 \cdot 20 = (75 \cdot 20) \cdot 11 = 1500 \cdot 11 = 16\,500$

Seite 54| Aufgabe 8

a) $18 \cdot 50 = (9 \cdot 2) \cdot 50 = 9 \cdot (2 \cdot 50) = 9 \cdot 100 = 900$
b) $40 \cdot 75 = (10 \cdot 4) \cdot (25 \cdot 3) = 10 \cdot (4 \cdot 25) \cdot 3 = 10 \cdot 100 \cdot 3 = 3000$
c) $24 \cdot 25 = (6 \cdot 4) \cdot 25 = 6 \cdot (4 \cdot 25) = 6 \cdot 100 = 600$
d) $375 \cdot 8 = (15 \cdot 25) \cdot 8 = 15 \cdot (25 \cdot 8) = 15 \cdot 200 = 3000$

Seite 54 | Aufgabe 9

740 € + 879 € + 360 € = (740 € + 360 €) + 879 € = 1100 € + 879 € = 1979 €
Die Türen kosten zusammen 1979 €.

Seite 54 | Aufgabe 10

a) $(24 + 8) + 12 = 32 + 12 = 44$; $24 + (8 + 12) = 24 + 20 = 44$: Addition ist assoziativ
$(17 - 6) - 5 = 11 - 6 = 5$; $17 - (6 - 5) = 17 - 1 = 16$: Subtraktion ist nicht assoziativ
b) $(16 \cdot 4) \cdot 2 = 64 \cdot 2 = 128$; $16 \cdot (4 \cdot 2) = 16 \cdot 8 = 128$: Multiplikation ist assoziativ
$(32 : 8) : 2 = 4 : 2 = 2$; $32 : (8 : 2) = 32 : 4 = 8$: Division ist nicht assoziativ
c) Addition und Multiplikation sind assoziativ, Subtraktion und Division nicht.
d) $(2 + 3) + 4 = 9 = 2 + (3 + 4)$ $\quad$ $(2 \cdot 3) \cdot 4 = 24 = 2 \cdot (3 \cdot 4)$
$(10 - 5) - 3 = 2 \neq 10 - (5 - 3) = 8$ $\quad$ $(24 : 4) : 2 = 6 : 2 = 3 \neq 24 : (4 : 2) = 24 : 2 = 12$

Seite 54 | Aufgabe 11

a) und b) Maries Vorgehen ist am schnellsten und lässt sich verallgemeinern (Gauß'sche Summenformel). Für die Summe der natürlichen Zahlen von 1 bis n gilt:
$1 + 2 + 3 + ... + n = \frac{1}{2} n \cdot (n + 1)$
Für n = 20 gilt: $1 + 2 + 3 + ... + 20 = \frac{1}{2} \cdot 20\,(20 + 1) = 10 \cdot 21 = 210$
c) Für n = 200 gilt: $1 + 2 + 3 + ... + 200 = \frac{1}{2} \cdot 200\,(200 + 1) = 100 \cdot 201 = 20\,100$

2.5 Distributivgesetz

Seite 55 | Einstieg

Maria: $(6 \cdot 10) + (4 \cdot 10) = 60 + 40 = 100$
Luise: $(6 + 4) \cdot 10 = 10 \cdot 10 = 100$

Seite 55 | Aufgabe 1

a) $4 \cdot (30 + 8) = 4 \cdot 30 + 4 \cdot 8 = 120 + 32 = 152$
b) $9 \cdot (50 + 6) = 9 \cdot 50 + 9 \cdot 6 = 450 + 54 = 504$
c) $12 \cdot (100 - 1) = 12 \cdot 100 - 12 \cdot 1 = 1200 - 12 = 1188$
d) $5 \cdot (80 - 2) = 5 \cdot 80 - 5 \cdot 2 = 400 - 10 = 390$
e) $3 \cdot (900 + 21) = 3 \cdot 900 + 3 \cdot 21 = 2700 + 63 = 2763$

f) $15 \cdot (30 + 6) = 15 \cdot 30 + 15 \cdot 6 = 450 + 90 = 540$

g) $12 \cdot (300 - 5) = 12 \cdot 300 - 12 \cdot 5 = 3600 - 60 = 3540$

h) $16 \cdot (400 - 8) = 16 \cdot 400 - 16 \cdot 8 = 6400 - 128 = 6272$

Seite 56 | Aufgabe 2

a) $(20 + 7) \cdot 9 = 20 \cdot 9 + 7 \cdot 9 = 180 + 63 = 243$

b) $(300 + 11) \cdot 4 = 300 \cdot 4 + 11 \cdot 4 = 1200 + 44 = 1244$

c) $(200 - 9) \cdot 5 = 200 \cdot 5 - 9 \cdot 5 = 1000 - 45 = 955$

d) $(10 - 1) \cdot 36 = 10 \cdot 36 - 1 \cdot 36 = 360 - 36 = 324$

Seite 56 | Aufgabe 3

a) $3 \cdot (100 + 40 + 7) = 3 \cdot 100 + 3 \cdot 40 + 3 \cdot 7 = 300 + 120 + 21 = 441$

b $8 \cdot (200 + 20 - 1) = 8 \cdot 200 + 8 \cdot 20 - 8 \cdot 1 = 1600 + 160 - 8 = 1752$

c) $(1000 + 30 + 5) \cdot 4 = 1000 \cdot 4 + 30 \cdot 4 + 5 \cdot 4 = 4000 + 120 + 20 = 4140$

d) $(100 - 10 - 1) \cdot 15 = 100 \cdot 15 - 10 \cdot 15 - 1 \cdot 15 = 1500 - 150 - 15 = 1335$

Seite 56 | Aufgabe 4

a) $8 \cdot 20 + 8 \cdot 3 = 160 + 24 = 184$

b) $60 \cdot 7 + 5 \cdot 7 = 420 + 35 = 455$

c) $400 \cdot 6 + 2 \cdot 6 = 2400 + 12 = 2412$

d) $4 \cdot 100 + 4 \cdot 13 = 400 + 52 = 452$

e) $7 \cdot 20 + 7 \cdot 9 = 140 + 63 = 203$

f) $90 \cdot 6 + 8 \cdot 6 = 540 + 48 = 588$

g) $6 \cdot 500 + 6 \cdot 90 + 6 \cdot 7 = 3000 + 540 + 42 = 3582$

h) $100 \cdot 25 + 100 \cdot 25 - 1 \cdot 25 = 2500 + 2500 - 25 = 4975$

Seite 56 | Aufgabe 5

a) $6 \cdot 13 + 6 \cdot 7 = 6 \cdot (13 + 7) = 6 \cdot 20 = 120$

b) $9 \cdot 42 - 9 \cdot 33 = 9 \cdot (42 - 33) = 9 \cdot 9 = 81$

c) $4 \cdot 24 + 4 \cdot 27 = 4 \cdot (24 + 27) = 4 \cdot 51 = 204$

d) $12 \cdot 188 + 12 \cdot 12 = 12 \cdot (188 + 12) = 12 \cdot 200 = 2400$

Seite 56 | Aufgabe 6

a) $14 \cdot 5 + 16 \cdot 5 = (14 + 16) \cdot 5 = 30 \cdot 5 = 150$

b) $51 \cdot 17 - 49 \cdot 17 = (51 - 49) \cdot 17 = 2 \cdot 17 = 34$

c) $129 \cdot 9 - 29 \cdot 9 = (129 - 29) \cdot 9 = 100 \cdot 9 = 900$

d) $22 \cdot 15 + 79 \cdot 15 = (22 + 79) \cdot 15 = 101 \cdot 15 = 1515$

e) $8 \cdot 65 - 45 \cdot 8 = 8 \cdot (65 - 45) = 8 \cdot 20 = 160$

f) $77 \cdot 3 + 3 \cdot 23 = 3 \cdot (77 + 23) = 3 \cdot 100 = 300$

g) $25 \cdot 25 + 25 \cdot 25 = 25 \cdot (25 + 25) = 25 \cdot 50 = 1250$

h) $95 \cdot 85 - 85 \cdot 95 = 95 \cdot (85 - 85) = 95 \cdot 0 = 0$

Seite 56 | Aufgabe 7

a) $6 \cdot 17 + 6 \cdot 9 + 6 \cdot 24 = 6 \cdot (17 + 9 + 24) = 6 \cdot 50 = 300$

b) $4 \cdot 200 + 4 \cdot 10 + 4 \cdot 3 = 4 \cdot (200 + 10 + 3) = 4 \cdot 213 = 852$

c) $77 \cdot 8 - 30 \cdot 8 - 7 \cdot 8 = 8 \cdot (77 - 30 - 7) = 8 \cdot 40 = 320$

Seite 56 | Aufgabe 8

a) $5400 + 1800 = (54 + 18) \cdot 100 = 72 \cdot 100 = 7200$

b) $260 + 980 = (26 + 98) \cdot 10 = 124 \cdot 10 = 1240$

c) $9000 + 77\,000 = (9 + 77) \cdot 1000 = 86 \cdot 1000 = 86\,000$

d) $25\,300 + 8000 = (253 + 80) \cdot 100 = 333 \cdot 100 = 33\,300$

e) $7900 - 1600 = (79 - 16) \cdot 100 = 63 \cdot 100 = 6300$

f) $1010 - 220 = (101 - 22) \cdot 10 = 79 \cdot 10 = 790$

g) $6000 - 2600 = (60 - 26) \cdot 100 = 34 \cdot 100 = 3400$

h) $50\,000 - 1500 = (500 - 15) \cdot 100 = 485 \cdot 100 = 48\,500$

Seite 57 | Aufgabe 9

a) Rechenweg 1 ist einfacher: $3 \cdot (200 - 6) = 3 \cdot 200 - 3 \cdot 6 = 600 - 18 = 582$

b) Rechenweg 2 ist einfacher: $4 \cdot (37 + 33) = 4 \cdot 70 = 280$

c) Rechenweg 1 ist einfacher: $6 \cdot 17 - 6 \cdot 14 = 6 \cdot (17 - 14) = 6 \cdot 3 = 18$

d) Rechenweg 2 ist einfacher: $13 \cdot 10 + 13 \cdot 4 = 130 + 52 = 182$

Seite 57 | Aufgabe 10

a) $4 \cdot (62 - 22) = 4 \cdot 40 = 160$

b) $23 \cdot (3 + 10) = 23 \cdot 3 + 23 \cdot 10 = 69 + 230 = 299$

c) $15 \cdot (50 - 1) = 15 \cdot 50 - 15 \cdot 1 = 750 - 15 = 735$

d) $(63 + 38) \cdot 7 = 101 \cdot 7 = 707$

e) $9 \cdot 8 + 9 \cdot 11 = 72 + 99 = 171$

f) $28 \cdot 5 + 12 \cdot 5 = (28 + 12) \cdot 5 = 40 \cdot 5 = 200$

g) $12 \cdot 90 - 78 \cdot 12 = 12 \cdot (90 - 78) = 12 \cdot 12 = 144$

h) $99 \cdot 18 = (100 - 1) \cdot 18 = 100 \cdot 18 - 1 \cdot 18 = 1800 - 18 = 1782$

Seite 57 | Aufgabe 11

$17 \cdot (70 + 7) = 17 \cdot 70 + 17 \cdot 7 = 17 \cdot 70 + 7 \cdot 17$

$= (70 + 7) \cdot 17 = 17 \cdot (7 + 70) = 70 \cdot 17 + 7 \cdot 17$

Seite 57 | Aufgabe 12

$23 \cdot 11\,€ + 27 \cdot 11\,€ = (23 + 27) \cdot 11\,€ = 50 \cdot 11\,€ = 550\,€$

Seite 57 | Aufgabe 13

a) $100 : (5 + 5) = 100 : 10 = 10 \quad \neq \quad 100 : 5 + 100 : 5 = 20 + 20 = 40$

b) $24 : (6 + 2) = 24 : 8 = 3 \quad \neq \quad 24 : 6 + 24 : 2 = 4 + 12 = 16$

c) $(15 + 21) : 3 = 36 : 3 = 12 \quad = \quad 15 : 3 + 21 : 3 = 5 + 7 = 12$

d) $(90 + 40) : 10 = 130 : 10 = 13 \quad = \quad 90 : 10 + 40 : 10 = 9 + 4 = 13$

Da die Division nicht kommutativ ist, ist die Division lediglich „rechtsdistributiv“. Das heißt, man darf zwar die Zähler zusammenfassen, nicht aber die Nenner.

Seite 57 | Aufgabe 14

a) $(100 + 45) : 5 = 100 : 5 + 45 : 5 = 20 + 9 = 29$

b) $81 : 3 + 39 : 3 = (81 + 39) : 3 = 120 : 3 = 40$

c) $(700 - 14) : 7 = 700 : 7 - 14 : 7 = 100 - 2 = 98$

d) $126 : 14 - 98 : 14 = (126 - 98) : 14 = 28 : 14 = 2$

Seite 57 | Aufgabe 15

$560\text{ cm} : 16\text{ cm} + 240\text{ cm} : 16\text{ cm} = (560\text{ cm} + 240\text{ cm}) : 16\text{ cm} = 800\text{ cm} : 16\text{ cm} = 50$

Durch Anwendung des Distributivgesetzes ist die Rechnung einfacher.

Seite 57 | Aufgabe 16

a) $12 \cdot 17 = 12 \cdot (10 + 7) = (10 + 2) \cdot (10 + 7) = 10 \cdot (10 + 7) + 2 \cdot (10 + 7)$

$= 10 \cdot 10 + 7 \cdot 10 + 2 \cdot 10 + 2 \cdot 7 = 10 \cdot (10 + 7 + 2) + 2 \cdot 7 = 10 \cdot 19 + 2 \cdot 7$

$= 190 + 14 = 204$

b) ① $11 \cdot 18 = (11 + 8) \cdot 10 + 1 \cdot 8 = 198$

② $16 \cdot 12 = (16 + 2) \cdot 10 + 2 \cdot 6 = 192$

③ $13 \cdot 13 = (13 + 3) \cdot 10 + 3 \cdot 3 = 169$

④ $15 \cdot 19 = (15 + 9) \cdot 10 + 5 \cdot 9 = 285$

c) $22 \cdot 17 = (10 + 12) \cdot (10 + 7) = 10 \cdot (10 + 7) + 12 \cdot (10 + 7)$

$= 10 \cdot 10 + 10 \cdot 7 + 12 \cdot 10 + 12 \cdot 7 = 10 \cdot 10 + 10 \cdot 7 + (10 + 2) \cdot 10 + (10 + 2) \cdot 7$

$= 10 \cdot 10 + 10 \cdot 7 + 10 \cdot 10 + 10 \cdot 2 + 10 \cdot 7 + 2 \cdot 7$

$= 10 \cdot (10 + 7 + 10 + 2 + 7) + 2 \cdot 7$

$= 10 \cdot 36 + 2 \cdot 7 = 360 + 14 = 374$

Leons Verfahren funktioniert nur bei Faktoren, die größer als 10 und kleiner als 20 sind.

2.6 Schriftlich addieren

Seite 58 | Einstieg

5000 € – 4198 € = 802 €.

Familie Müller könnte jedes der Zusatzangebote einzeln dazu buchen oder den Wohnwagen und den Freizeitpark.

Seite 58 | Aufgabe 1

a) $1300 + 100 = 1400$ b) $800 + 100 = 900$ c) $1200 + 3900 + 2000 = 7100$

Seite 58 | Aufgabe 2

a) $500 + 600 = 1100$, also 1159

b) $150 + 730 = 880$, also 874

c) $7100 + 800 = 7900$, also 7881

d) $690 + 60 = 750$, also 745

e) $4300 + 3200 + 2100 = 9600$, also 9580

f) $2300 + 1800 + 7300 = 11\,400$, also 11 388

Seite 59 | Aufgabe 3

a) $800 + 500 = 1300$

$$\begin{array}{rrrr} & 8 & 1 & 2 \\ + & 5 & 4 & 7 \\ \hline 1 & 3 & 5 & 9 \end{array}$$

b) $5200 + 3000 = 8200$

$$\begin{array}{rrrrr} & 5 & 1 & 8 & 3 \\ + & 3 & 0 & 1 & 6 \\ \hline & 8 & 1 & 9 & 9 \end{array}$$

c) $1600 + 300 = 1900$

$$\begin{array}{rrrrr} & 1 & 5 & 9 & 8 \\ + & & 2 & 8 & 1 \\ \hline & 1 & 8 & 7 & 9 \end{array}$$

d) $8000 + 9300 = 17\,300$

$$\begin{array}{rrrrr} & 8 & 0 & 5 & 7 \\ + & 9 & 2 & 5 & 3 \\ \hline 1 & 7 & 3 & 1 & 0 \end{array}$$

e) $17\,000 + 20\,900 = 37\,900$

$$\begin{array}{rrrrrr} & 1 & 6 & 9 & 7 & 0 \\ + & 2 & 0 & 8 & 7 & 2 \\ \hline & 3 & 7 & 8 & 4 & 2 \end{array}$$

f) $797\,000 + 9000 = 806\,000$

$$\begin{array}{rrrrrrr} & 7 & 9 & 6 & 6 & 0 & 7 \\ + & & & 9 & 0 & 6 & 3 \\ \hline & 8 & 0 & 5 & 6 & 7 & 0 \end{array}$$

Seite 59 | Aufgabe 4

a) $500 + 100 + 300 = 900$ $516 + 52 + 301 = 869$

b) $1800 + 900 + 500 = 3200$ $1807 + 895 + 508 = 3210$

c) $700 + 4000 + 6900 = 11600$ $736 + 3970 + 6891 = 11597$

d) $100 + 900 + 800 + 600 = 2400$ $73 + 908 + 841 + 555 = 2377$

e) $313\,000 + 1000 + 1000 + 0 = 315\,000$ $313\,000 + 1200 + 699 + 74 = 314\,973$

f) $24\,000 + 17\,000 + 81\,000 + 22\,000 = 144\,000$ $23\,855 + 16\,792 + 80\,672 + 21\,508 = 142\,827$

g) $800 + 100 + 900 + 100 + 500 = 2400$ $790 + 99 + 925 + 75 + 456 = 2345$

h) $7900 + 4200 + 300 + 6000 + 800 = 19\,200$ $7905 + 4216 + 273 + 6006 + 803 = 19\,203$

Seite 59 | Aufgabe 5

a) ① $237 + 324 + 78 + 123 + 7 = 769$

② $2871 + 451 + 672 + 65 + 81 + 671 = 4811$

③ $23\,895 + 13\,209 + 34\,895 + 4923 + 76\,007 + 4562 = 157\,491$

④ $562\,891 + 726\,252 + 439\,001 + 56\,423 + 8793 + 761\,454 = 2\,554\,814$

b) Je mehr Summanden, desto schwieriger die Rechnung, denn der Anteil der Kopfrechnung wird mit steigender Anzahl an Summanden größer.

Seite 59 | Aufgabe 6

a) Einer- und Zehner nicht richtig untereinander geschrieben:

$$\begin{array}{cccccc} & 2 & 0 & 7 & 9 & 1 \\ + & & & 5 & 9 & 4 \\ + & & 1 & 0 & 9 & 9 \\ & & {\scriptstyle 1} & {\scriptstyle 2} & {\scriptstyle 1} & \\ \hline & 2 & 2 & 4 & 8 & 4 \end{array}$$

b) Überträge nicht berücksichtigt:

$$\begin{array}{ccccccc} & & & 5 & 2 & 9 & 1 \\ + & & 9 & 6 & 5 & 3 & 2 \\ + & & 8 & 2 & 0 & 5 & 8 \\ & & {\scriptstyle 1} & & {\scriptstyle 1} & {\scriptstyle 1} & \\ \hline & 1 & 8 & 3 & 8 & 8 & 1 \end{array}$$

Seite 59 | Aufgabe 7

374 km + 202 km + 295 km + 757 km = 1628 km

Familie Meyer ist insgesamt 1628 km gefahren.

Seite 60 | Aufgabe 8

Überschlag: 24 000 + 20 000 + 19 000 + 70 000 = 133 000

Es waren insgesamt ca. 133 000 Zuschauer.

Seite 60 | Aufgabe 9

a) Falsch, da 3500 + 700 = 4200. Das angegebene Ergebnis ist deutlich zu groß.
b) Richtig
c) Falsch, da die Einer zusammen 5 ergeben, deshalb kann die letzte Ziffer nicht stimmen.
d) Richtig
e) Falsch, da die Einer zusammen 20 ergeben, die letzte Ziffer also 0 sein muss.
f) Falsch, da 4013 + 5701 + 9614 = 19 328

Seite 60 | Aufgabe 10

a)
$$\begin{array}{cccc} & 2 & 1 & 2 \\ + & 1 & 6 & 4 \\ + & 1 & 1 & 3 \\ \hline & 4 & 8 & 9 \end{array}$$

b)
$$\begin{array}{ccccc} & 3 & 7 & 2 & 6 \\ + & & 1 & 8 & 4 \\ + & 1 & 8 & 8 & 2 \\ \hline & 5 & 7 & 9 & 2 \end{array}$$

c)
$$\begin{array}{cccccc} & & 3 & 6 & 7 & 5 & 2 \\ & + & 1 & 8 & 6 & 8 & 1 \\ & + & & 5 & 6 & 5 & 7 \\ & + & 6 & 2 & 3 & 7 & 2 \\ \hline & 1 & 2 & 3 & 4 & 6 & 2 \end{array}$$

d)
$$\begin{array}{cccccc} & 5 & 7 & 5 & 0 & 8 \\ + & 6 & 1 & 2 & 0 & 3 \\ + & 2 & 6 & 5 & 1 & 3 \\ + & 8 & 2 & 6 & 4 & 1 \\ \hline 2 & 2 & 7 & 8 & 6 & 5 \end{array}$$

Seite 60 | Aufgabe 11

a) Jana: 1100 + 700 + 400 = 2200 exakt: 1143 + 638 + 446 = 2227
Janas Ergebnis ist näher am exakten Ergebnis als Samuels Ergebnis.

b) ① Überschlag: 3200 + 2700 + 600 = 6500
exaktes Ergebnis: 3166 + 2678 + 558 = 6402
② Überschlag: 1500 + 700 + 800 = 3000
exaktes Ergebnis: 1510 + 707 + 806 = 3023
③ Überschlag: 1400 + 500 + 900 + 1000 = 3800
exaktes Ergebnis: 3800
Bei ③ erhält man durch abwechselndes Auf- und Abrunden das exakte Ergebnis.

Seite 60 | Aufgabe 12

Exakter Wert: 9,55 €

Raphaels Überschlag ist am nächsten am realen Wert, da er auf „50er“ rundet statt auf „100er“ und ist somit geeignet.
Sophie rundet immer auf, das ist zwar ungenau, aber es ist zumindest garantiert, dass nicht mehr Geld als ihr

Überschlag gebraucht wird. Simons Verfahren ist weniger genau als Raphaels Verfahren, da auf „100er" gerundet wird. Hier besteht die größte Gefahr, ein deutlich zu geringes Ergebnis zu erhalten.

Seite 60 | Aufgabe 13

139 € + 162 € + 649 € = 950 € Das Geld reicht genau, um die Waren zu kaufen.

63 € + 279 € + 839 € = 1181 € Das Geld reicht, um die Waren zu kaufen.

Seite 60 | Aufgabe 14

a)
$$\begin{array}{r} 833 \\ +\ 883 \\ \hline 1716 \end{array}$$

b)
$$\begin{array}{r} 3493 \\ +\ 3494 \\ +\ 3499 \\ \hline 10486 \end{array}$$

2.7 Schriftlich subtrahieren

Seite 61 | Einstieg

Ungefähr: 940 € - 180 € = 760 €; exakt: 939 € - 183 € = 756 €

Seite 61 | Aufgabe 1

a) Überschlag: 350 - 130 = 220; exakt: 220

b) Überschlag: 2500 - 1400 = 1100, exakt: 1114

c) Überschlag: 1000 - 80 = 920; exakt: 902

d) Überschlag: 4000 - 2700 = 1300, exakt: 1254

e) Überschlag: 13 000 - 8000 = 5000; exakt: 4954

f) Überschlag: 230 000 - 120 000 = 110 000; exakt: 109 963

Seite 61 | Aufgabe 2

a) 220 b) 1632 c) 987 d) 342 e) 4758 f) 71 835

Seite 62 | Aufgabe 3

a) 160 b) 884 c) 180 d) 709

e) 22 260 f) 57 326 g) 102 224 h) 464 396

Seite 62 | Aufgabe 4

Bei a) wurde immer die kleinere von der größeren Ziffer abgezogen, bei b) wurden die Überträge nicht korrekt berücksichtigt.

a)
$$\begin{array}{r} 3726 \\ -\ 1859 \\ {\scriptstyle 1\,1\,1\ } \\ \hline 1867 \end{array}$$

b)
$$\begin{array}{r} 6321 \\ -\ 4859 \\ {\scriptstyle 1\,1\,1\ } \\ \hline 1462 \end{array}$$

Seite 62 | Aufgabe 5

a)
$$\begin{array}{r} 378 \\ -\ 153 \\ \hline 225 \end{array}$$

b)
$$\begin{array}{r} 4297 \\ -\ 1885 \\ \hline 2412 \end{array}$$

c)
$$\begin{array}{r} 678 \\ -\ 283 \\ \hline 395 \end{array}$$

d)
$$\begin{array}{r} 6638 \\ -\ 2767 \\ \hline 3871 \end{array}$$

e)
$$\begin{array}{r} 40108 \\ -\ 16383 \\ \hline 23725 \end{array}$$

f)
$$\begin{array}{r} 701005 \\ -\ 141763 \\ \hline 2\ \ 412 \end{array}$$

Seite 62 | Aufgabe 6

a) 761 - 389 = 372, also 761 − 372 = 389

b) 42 189 - 31 005 = 11 184, also 11 184 + 31 005 = 42 189

c) 132 276 + 87 564 = 219 840, also 219 840 − 132 276 = 87 564

Seite 62 | Aufgabe 7

Überschlag: 32 000 − 17 000 = 15 000, Rechnung: 32 500 −17 281 = 15 219

15 219 Plätze sind noch frei.

Seite 62 | Aufgabe 8

a) Maike summiert ihre Ausgaben auf und zieht diese dann von 750 € ab. Lisa zieht schrittweise ihre Ausgaben von 750 € ab. Das Ergebnis ist beides Mal: Es bleiben 27 € übrig.

b) ① 4213 ② 2375 ③ 27 003 ④ 123 644

Seite 62 | Aufgabe 9

a) Auf den 6 Teilstrecken wurden 346, 177, 491, 521, 290 und 193 Höhenmeter überwunden, insgesamt also 2018 Höhenmeter

b) Es wurden mehr Höhenmeter als Tiefenmeter gemacht, da das Ziel höher als der Start liegt.

c) Die Hütte liegt auf 2091 m.

Seite 62 | Aufgabe 10

Statt eines Übertrags verringert Markus in diesen Fällen die nächste Stelle des Minuenden entsprechend. Diese Technik funktioniert immer dann, wenn auch ein Übertrag nötig wäre.

2.8 Schriftlich multiplizieren

Seite 63| Einstieg

b) $153 \cdot 6 = 100 \cdot 6 + 50 \cdot 6 + 3 \cdot 6 = 600 + 300 + 18 = 918$

c) $1136 \cdot 3 = 1000 \cdot 3 + 100 \cdot 3 + 30 \cdot 3 + 6 \cdot 3 = 3000 + 300 + 90 + 18 = 3408$

Seite 63 | Aufgabe 1

a) $250 \cdot 10 = 2500$ b) $14 \cdot 200 = 2800$ c) $1360 \cdot 10 = 13\,600$ d) $20 \cdot 2000 = 40\,000$

Seite 63 | Aufgabe 2

a) Überschlag: $70 \cdot 400 = 28\,000$. Ergebnis kann stimmen (und stimmt auch)

b) Überschlag: $30 \cdot 20\,000 = 600\,000$. Ergebnis kann nicht stimmen (richtig ist 727 415)

c) Überschlag: $50 \cdot 70 = 3500$. Ergebnis kann nicht stimmen (richtig ist 3726)

d) Überschlag: $120 \cdot 700 = 84\,000$. Ergebnis kann stimmen (und stimmt auch)

e) Überschlag: $1300 \cdot 60 = 78\,000$. Ergebnis kann nicht stimmen(richtig ist 76 792)

f) Überschlag: $90 \cdot 800 = 72\,000$. Ergebnis kann stimmen (und stimmt auch).

Seite 64 | Aufgabe 3

a) $$\begin{array}{r} 122 \cdot 4 \\ \hline 488 \end{array}$$

b) $$\begin{array}{r} 76 \cdot 7 \\ \hline 532 \end{array}$$

c) $$\begin{array}{r} 301 \cdot 8 \\ \hline 2408 \end{array}$$

d) $$\begin{array}{r} 624 \cdot 6 \\ \hline 3744 \end{array}$$

e) $$\begin{array}{r} 8132 \cdot 9 \\ \hline 73188 \end{array}$$

Seite 64 | Aufgabe 4

a) $$\begin{array}{r} 23 \cdot 31 \\ \hline 69 \\ +\ 23 \\ \hline 713 \end{array}$$

b) $$\begin{array}{r} 19 \cdot 72 \\ \hline 133 \\ +\ 38 \\ \hline 1368 \end{array}$$

c) $$\begin{array}{r} 85 \cdot 94 \\ \hline 765 \\ +\ 340 \\ \hline 7990 \end{array}$$

d) $$\begin{array}{r} 421 \cdot 17 \\ \hline 421 \\ +\ 2947 \\ \hline 7157 \end{array}$$

e) $$\begin{array}{r} 37 \cdot 250 \\ \hline 74 \\ +\ 185 \\ \hline 9250 \end{array}$$

f) $$\begin{array}{r} 608 \cdot 40 \\ \hline 2432 \\ +\ 000 \\ \hline 24320 \end{array}$$

g)
```
  5 3 0 · 2 2 0
  -------------
    1 0 6 0
+     1 0 6 0
  -------------
    1 1 6 6 0 0
```

h)
```
  8 0 · 5 0 3 0
  -------------
    4 0 0
+       0 0
+       2 4 0
+           0 0
  -------------
    4 0 2 4 0 0
```

i)
```
  2 5 8 · 3 1 5
  -------------
        7 7 4
+         2 5 8
+         1 2 9 0
  ---------------
        8 1 2 7 0
```

j)
```
  6 2 4 · 9 1 5 8
  ---------------
    5 6 1 6
+       6 2 4
+       3 1 2 0
+           4 9 9 2
  -----------------
    5 7 1 4 5 9 2
```

Seite 64 | Aufgabe 5

a) Das Ergebnis beider Rechnungen ist immer gleich.
① 12 896 ② 320 133 ③ 370 296 ④ 701 255

b) Besitzt der erste Faktor mehr Ziffern, so benötigt die schriftliche Multiplikation weniger Zeilen. Das Ergebnis ist dasselbe.

c) ① 22 995 ② 207 570 ③ 654 480 ④ 201 351

Seite 64 | Aufgabe 6

a) 1710 b) 4366 c) 25 000 d) 693 e) 9999 f) 10 989

Mögliche Reihenfolge der Schwierigkeit: e), a), c), d), b), f)

Seite 64 | Aufgabe 7

a) $24 \cdot 43 = 1032$ $8 \cdot 850 = 6800$

b) ① 10 320 ② 680 ③ 680 000 ④ 103 200
⑤ 68 000 ⑥ 1 032 000 ⑦ 2064 ⑧ 3400

Seite 64 | Aufgabe 8

a) ①
```
  3 4 · 7
  -------
    2 3 8
```

②
```
  1 5 · 2 3
  ---------
      3 0
+       4 5
  ---------
      3 4 5
```

③
```
  5 1 · 2 7
  ---------
  1 0 2
+   3 5 7
  ---------
  1 3 7 7
```

④
```
  6 · 3 5 0
  ---------
  1 8
+   3 0
  ---------
  2 1 0 0
```

b) ① Ü: $70 \cdot 7\,000 = 490\,000$; exakt: $67 \cdot 7500 = 502\,500$
② Ü: $400 \cdot 900 = 360\,000$; exakt: $402 \cdot 903 = 363\,006$
③ Ü: $1000 \cdot 567\,000 = 567$; exakt: $1001 \cdot 567 = 567\,567$
④ Ü: $6000 \cdot 8000 = 48\,000\,000$; exakt: $5600 \cdot 7809 = 43\,730\,400$

Seite 65 | Aufgabe 9

a) Überschläge sollen einfach sein und dem richtigen Ergebnis nahe kommen. Wird eine Zahl aufgerundet, sollte man versuchen, die andere abzurunden. Dies ist bei Arne und Michelle nicht der Fall. Sehr große Rundungen haben Aurelia und Svea vorgenommen.

b) $16 \cdot 847 = 13\,552$

Arne: 20 000 Aurelia: 9000 Dana: 12 800 Klemens: 13 500
Michelle: 12 000 Murat: 16 000 Erwin: 13 600 Svea: 16 000

Zu weit vom Ergebnis entfernt sind die Überschläge von Arne, Aurelia, Murat und Svea.

Seite 65 | Aufgabe 10

a) $84 \cdot 840 = 70\,560$ b) $67 \cdot 101 = 6\,767$ c) $375 \cdot 99 = 37\,125$

Seite 65 | Aufgabe 11

a) Es gibt $26 \cdot 18 = 468$ Sitzplätze.

b) Dann hat das Kino $4 \cdot 468 = 1872$ Besucher.

Seite 65 | Aufgabe 12

In 12 Sekunden: $12 \cdot 333$ m = 3 996 m; in 20 Sekunden: $20 \cdot 333$ m = 6660 m;
in einer Minute: $60 \cdot 333$ m = 19 980 m.

Seite 65 | Aufgabe 13

a) Halbmarathon Ü: $300 \cdot 25$ €=7500 € Radrennen Ü: 15 € $\cdot$ 300 + 10 € $\cdot$ 150 = 6000 €
Der Halbmarathon bringt vermutlich mehr Geld ein.

b) Halbmarathon: 7225 € Radrennen: 5852 €

Seite 65 | Aufgabe 14

a) ①

790 272			
1344	588		
48	28	21	
12	4	7	3

②

221 184			
192	1152		
8	24	48	
2	4	6	8

b) Werden Zahlen in der untersten Reihe verdoppelt, so ist das Ergebnis 32-fach so groß.
Werden sie halbiert, so muss man das ursprüngliche Ergebnis an der Spitze durch 32 teilen, um die richtige neue Zahl zu erhalten.
Ist die untere Reihe verzehnfacht, so steht an der Spitze das 100 000 000-fach des ursprünglichen Wertes.

Seite 65 | Aufgabe 15

a)
```
 3 3 · 4 1
 ---------
   1 3 2
 +     3 3
 ---------
   1 3 5 3
```

b)
```
 2 3 · 2 5
 ---------
     4 6
 +   1 1 5
 ---------
     5 7 5
```

c)
```
 1 2 7 · 3 5
 -----------
     3 8 1
 +     6 3 5
 -----------
     4 4 4 5
```

d)
```
 9 9 · 2 5 3
 -----------
   1 9 8
 +   4 9 5
       2 9 7
 -----------
   2 5 0 4 7
```

Streifzug: Vedische Mathematik

Seite 67 | Aufgabe 1

a) 180 b) 238 c) 1311 d) 4753

Seite 67 Aufgabe 2

a) 132 b) 374 c) 803 d) 1089

Seite 67 Aufgabe 3

Individuelle Lösungen

Seite 67 Aufgabe 4

Individuelle Lösungen

Seite 67 Aufgabe 5

a) Begründung am Beispiel $38 \cdot 65$:

$38 \cdot 65 = (30 + 8) \cdot (60 + 5) = 30 \cdot 60 + 30 \cdot 5 + 60 \cdot 8 + 8 \cdot 5$

$= 100 \cdot (3 \cdot 6) + 10 \cdot (3 \cdot 5 + 6 \cdot 8) + (8 \cdot 5)$

Die Produkte in den Klammern entsprechen genau den Produkten, die man bei der vedischen Multiplikation bildet. Die Faktoren 100 und 10 sorgen dafür, dass die Ergebnisse auf die richtige Stelle "geschoben" werden.

$38 \cdot 65 = 100 \cdot 18 + 10 \cdot 63 + 40 = 1800 + 630 + 40 = 2470$

b) Genau wie bei der Multiplikation einer zweistelligen Zahl mit 11, wird die dreistellige Zahl um eine Stelle versetzt zweimal untereinander aufgeschrieben. Anschließend wird ziffernweise addiert.

Beispiel:

	1	5	4	
+		1	5	4
	1	6	9	4

Seite 67 Aufgabe 6

Individuelle Lösungen

2.9 Schriftlich dividieren

Seite 68 | Einstieg

a) Jasper

$100 : 4 = 25$
$+\ 48 : 4 = 12$
$= 37$

b) Fara

$40 : 4 = 10$
$+\ 40 : 4 = 10$
$+\ 40 : 4 = 10$
$+\ 28 : 4 = 7$
$= 37$

c) Harun

$120 : 4 = 30$
$+\ 28 : 4 = 7$
$= 37$

Seite 68 | Aufgabe 1

a) $900 : 10 = 90$	b) $6000 : 12 = 500$	c) $5000 : 20 = 250$	d) $2400 : 30 = 70$
e) $4200 : 70 = 60$	f) $4200 : 120 = 35$	g) $33\,500 : 500 = 67$	h) $15\,000 : 2500 = 6$

Seite 69 | Aufgabe 2

a) $682 : 2 = 341$	b) $287 : 7 = 41$	c) $1648 : 4 = 412$	d) $1088 : 8 = 136$
e) $2109 : 3 = 703$	f) $6105 : 3 = 2035$	g) $14\,778 : 9 = 1642$	h) $35\,815 : 5 = 7163$
i) $374 : 11 = 34$	j) $896 : 16 = 56$	k) $3978 : 13 = 306$	l) $10\,557 : 17 = 621$
m) $7925 : 25 = 317$	n) $6232 : 41 = 152$	o) $16\,146 : 69 = 234$	p) $5375 : 125 = 43$

Seite 69 | Aufgabe 3

a) $665 : 3 = 221$ Rest 2	b) $2371 : 5 = 474$ Rest 1
c) $10\,000 : 9 = 1111$ Rest 1	d) $5500 : 60 = 91$ Rest 40
e) $8306 : 20 = 415$ Rest 6	f) $9453 : 47 = 201$ Rest 6
g) $920 : 75 = 12$ Rest 20	h) $25\,319 : 15 = 1687$ Rest 14

Seite 69 | Aufgabe 4

a) rote 1: 13 passt 1 Mal in 20; orange 7: 20 – 13 = 7; blaue 8: letzte Ziffer von 208

b)

	4	5	5	4	:	2	3	=	1	9	8
–	2	3									
	2	2	5								
–	2	0	7								
		1	8	4							
–		1	8	4							
				0							

c) $1840 : 115 = 16$

$3552 : 222 = 16$

$1584 : 99 = 16$

Seite 69 | Aufgabe 5

a) ① 36 ist durch 4 teilbar. Das Ergebnis muss falsch sein, da das Ergebnis nicht größer als der Dividend sein kann.

```
  2 7 6 : 4 = 6 9
- 2 4
  ---
    3 6
    3 6
    ---
      0
```

② Das Anfügen der letzten 0 wurde vergessen.

```
  9 1 0 : 7 = 1 3 0
- 7
  ---
  2 1
- 2 1
  ---
    0
```

③ Werden zwei Ziffern herunter-geholt, muss ein 0 eingefügt werden.

```
  4 5 2 0 : 5 = 9 0 4
- 4 5
  ---
    0 2 0
-     2 0
      ---
        0
```

b) ① 1206 : 3 = 402
② 1635 : 15 = 109
③ 7800 : 12 = 650
④ 32 020 : 4 = 8005

Seite 70 | Aufgabe 6

a) Silas und Dominik haben Dividend und Divisor aufgerundet; Valentina, Antonia und Vincent haben beides abgerundet. Ihre Näherungen sind daher besser als die von Romy und Merle, die nicht gleichmäßig auf- und abgerundet haben. Leonard hat den Dividend abgerundet, den Divisor aber gleich gelassen.

b) Exaktes Ergebnis: 819 : 13 = 63
Silas: 1000 : 20 = 50; Valentina: 800 : 10 = 80; Romy: 1000 : 10 = 100,
Dominik: 900 : 15 = 60; Leonard: 780 : 13 = 60; Merle: 800 : 20 = 40;
Antonia: 720 : 12 = 60; Vincent: 800 : 8 = 100

c) Die besten Überschläge sind die von Dominik, Leonard und Antonia.

Seite 70 | Aufgabe 7

a) 7050 : 50 = 705 : 5 = 141
b) 8120 : 40 = 812 : 4 = 203
c) 35 700 : 20 = 3570 : 2 = 1785
d) 34 800 : 600 = 348 : 6 = 58
e) 72 800 : 700 = 728 : 7 = 104
f) 4560 : 120 = 456 : 12 = 38
g) 8400 : 150 = 840 : 15 = 56
h) 944 000 : 2000 = 944 : 2 = 472

Seite 70 | Aufgabe 8

a) 42 : 6 = 7
b) 260 : 130 = 2
c) 144 : 12 = 12
d) 92 122 : 202 = 456
e) 306 : 17 = 18
f) 136 000 : 125 = 1088
g) 39 000 : 3000 = 13
h) 273 : 13 = 21

Geordnet nach aufsteigender Schwierigkeit: a), b), g), c), f), e), h), d)
Leichter sind Aufgaben mit kleinem Divisor oder solche, die sich durch Kürzen von Nullen leicht vereinfachen lassen. Trotzdem ist die Liste teilweise subjektiv.

Seite 70 | Aufgabe 9

a) 156 : 12 = 13; also ist das Zwölffache von 13 gleich 156.
b) 598 : 23 = 26, also ist 598 das 23-Fache von 26.
c) (1234 – 234) : 8 = 125, also ist 125 die gesuchte Zahl.
d) Individuelle Lösungen

Seite 70 | Aufgabe 10

a) 100 000 € : 8 = 12 500 €. Jeder Gewinner erhält 12 500 €.

b) 6828 € : 12 € = 569. Es waren 569 Zuschauer in den Vorstellungen.

c) 365 : 7 = 52 Rest 1; 366 : 7 = 52 Rest 2. Ein Jahr hat 52 Wochen und einen oder zwei Tage.

Seite 70 | Aufgabe 11

600 kg : 75 g = 600 000 g : 75 g = 8000. 8000 : 365 = 21 Rest 335

Ein Chihuahua könnte von dem jährlichen Futter einer Dogge 8000 Tage leben, fast 22 Jahre.

Seite 70 | Aufgabe 12

a) $12 = 2 \cdot 5 + 2$	b) $94 = 9 \cdot 10 + 4$	c) $29 = 6 \cdot 4 + 5$	d) $200 = 9 \cdot 22 + 2$
e) $783 = 261 \cdot 3 + 0$	f) $112 = 9 \cdot 12 + 4$	g) $256 = 11 \cdot 23 + 3$	h) $1070 = 33 \cdot 32 + 14$

Die addierte Zahl o entspricht dem Rest bei der Division des Ergebnisses durch □.

Seite 70 | Aufgabe 13

a) 1000 : 40 = 25. Das Puzzle hat 25 Reihen.

b) 828 : 36 = 23. Das Puzzle hat 23 Reihen.

c) 6708 : 43 = 156. Dies ist die einzige Division durch eine Zahl zwischen 41 und 49, die ohne Rest aufgeht. Das Puzzle besteht also aus 156 Reihen mit 43 Teilen.

2.10 Potenzieren

Seite 71 | Einstieg

$2 + 2 = 4$; $2 + 2 + 2 = 2 \cdot 3 = 6$; $2 + 2 + 2 + 2 = 2 \cdot 4 = 8$

$2 \cdot 2 = 4$; $2 \cdot 2 \cdot 2 = 2^3 = 8$; $2 \cdot 2 \cdot 2 \cdot 2 = 2^4 = 16$

Seite 71 | Aufgabe 1

a) $9 \cdot 9 \cdot 9 = 9^3 = 729$	b) $10 \cdot 10 \cdot 10 \cdot 10 = 10^4 = 10\,000$
c) $6 \cdot 6 \cdot 6 \cdot 6 \cdot 6 \cdot 6 = 6^6 = 46\,656$	c) $165 \cdot 165 \cdot 165 = 165^3 = 4\,492\,125$

Seite 71 | Aufgabe 2

a) $4^3 = 4 \cdot 4 \cdot 4 = 64$	b) $8^2 = 8 \cdot 8 = 64$
c) $5^3 = 5 \cdot 5 \cdot 5 = 125$	d) $10^2 = 10 \cdot 10 = 100$
e) $7^3 = 7 \cdot 7 \cdot 7 = 343$	f) $3^3 = 3 \cdot 3 \cdot 3 = 27$
g) $10^5 = 10 \cdot 10 \cdot 10 \cdot 10 \cdot 10 = 10\,000$	h) $6^4 = 6 \cdot 6 \cdot 6 \cdot 6 = 1296$

Seite 72 | Aufgabe 3

a) $5^2 - 15 = 10$	b) $8 + 2^4 = 24$	c) $10 \cdot 9^2 = 810$
d) $4^3 \cdot 4 = 256$	e) $2 \cdot 3^3 + 48 = 102$	f) $150 - 72 : 6^2 = 148$
g) $2 + 7^3 : 7 = 51$	h) $10^4 \cdot 2^3 = 80\,000$	

Seite 72 | Aufgabe 4

a) $6^3 = 216$	b) $5^4 = 625$	c) $20^3 = 8000$

Seite 72 | Aufgabe 5

Dass man Exponent und Basis vertauschen kann, gilt nur in diesem Einzelfall, nicht allgemein. Ein Gegenbeispiel ist $3^4 - 81$; $4^3 = 64$.

Seite 72 | Aufgabe 6

a) $500 = 5 \cdot 10^2$	b) $700\,000 = 7 \cdot 10^5$	c) $3000 = 3 \cdot 10^3$
d) $7200 = 72 \cdot 10^2$	e) $12\,000 = 12 \cdot 10^3$	f) $840\,000 = 84 \cdot 10^4$

Seite 72 | Aufgabe 7

a) $8 \cdot 10^2 = 800$	b) $4 \cdot 10^3 = 4000$	c) $7 \cdot 10^5 = 700\,000$
d) $9 \cdot 10^7 = 90\,000\,000$	e) $16 \cdot 10^2 = 1600$	f) $37 \cdot 10^4 = 370\,000$

Seite 72 | Aufgabe 8

Eine entsprechende Anzahl Kästchen kann man immer zu einem Quadrat anordnen.

Seite 72 | Aufgabe 9

$1^2 = 1$; $2^2 = 4$; $3^2 = 9$; $4^2 = 16$; $5^2 = 25$; $6^2 = 36$; $7^2 = 49$; $8^2 = 64$; $9^2 = 81$; $10^2 = 100$, $11^2 = 121$; $12^2 = 144$; $13^2 = 169$; $14^2 = 196$; $15^2 = 225$; $16^2 = 256$; $17^2 = 289$; $18^2 = 324$; $19^2 = 361$; $20^2 = 400$

Seite 72 | Aufgabe 10

$169 = 13^2$; $36 = 6^2$; $27 = 3^3$; $1000 = 10^3$; $64 = 8^2$; $125 = 5^3$; $100 = 10^2$; $900 = 30^2$; $81 = 9^2$; $216 = 6^3$; $256 = 4^4$

Eine Darstellung mit dem Exponenten 2, 3 oder 4 ist nicht möglich bei:

$128 = 2^7$; $200 = 2^3 \cdot 5^2$, $60 = 2^2 \cdot 3 \cdot 5$

2.11 Vermischte Aufgaben

Seite 73 | Aufgabe 1

a) $100 \cdot 4 = 400$; $1000 \cdot 4 = 4000$; $10\,000 \cdot 4 = 40\,000$
Nimmt man einen Faktor mit 10 mal, so verzehnfacht sich auch das Produkt.

b) $1000 \cdot 2 = 2000$; $1000 \cdot 4 = 4000$; $1000 \cdot 8 = 8000$
Verdoppelt man einen Faktor, verdoppelt sich auch das Produkt.

c) $100 : 4 = 25$; $1000 : 4 = 250$; $10\,000 : 4 = 2500$
Verzehnfacht man den Dividenden, verzehnfacht sich auch das Ergebnis.

d) $1000 : 2 = 500$; $1000 : 4 = 250$, $1000 : 8 = 125$
Verdoppelt man den Divisor, halbiert sich das Ergebnis.

Seite 73 | Aufgabe 2

a) $2 + 4 + 6 + 8 = 20$
b) $2 \cdot (4 + 6) + 8 = 28$
c) $(2 + 4 - 6) \cdot 8 = 0$
d) $(2 + 4) : 6 + 8 = 9$
e) $2 \cdot (4 + 6) \cdot 8 = 160$

Seite 73 | Aufgabe 3

$3 \cdot 7 = 21$	$(4 + 7) \cdot 2 = 22$	$5 \cdot 4 + 3 = 23$
$6 \cdot 4 = 24$	$5 \cdot (2 + 3) = 25$	$2 \cdot (8 + 5) = 26$
$3 \cdot 9 = 27$	$4 \cdot 7 = 28$	$4 \cdot 7 + 1 = 29$
$3 \cdot (2 + 8) = 30$	$5 \cdot 6 + 1 = 31$	$4 \cdot (3 + 5) = 32$
$3 \cdot (5 + 6) = 33$	$2 \cdot (8 + 9) = 34$	$5 \cdot 7 = 35$
$4 \cdot 9 = 36$	$4 \cdot 9 + 1 = 37$	$5 \cdot 8 - 2 = 38$
$3 \cdot (6 + 7) = 39$	$4 \cdot (2 + 8) = 40$	$5 \cdot 8 + 1 = 41$
$6 \cdot 7 = 42$	$6 \cdot (9 - 2) + 1 = 43$	$4 \cdot (3 + 8) = 44$
$5 \cdot 9 = 45$	$5 \cdot (3 + 7) - 4 = 46$	$5 \cdot 9 + 2 = 47$
$6 \cdot 8 = 48$	$7 \cdot (3 + 4) = 49$	$5 \cdot (2 + 8) = 50$
$8 \cdot (7 - 1) + 3 = 51$	$4 \cdot (8 + 5) = 52$	$6 \cdot 9 - 1 = 53$
$6 \cdot (4 + 5) = 54$	$5 \cdot (4 + 7) = 55$	$7 \cdot 8 = 56$
$7 \cdot 8 + 1 = 57$	$6 \cdot 9 + 4 = 58$	$6 \cdot (3 + 7) - 1 = 59$
$4 \cdot (6 + 9) = 60$		

Seite 73 | Aufgabe 4

Das größtmögliche Ergebnis ist $541 \cdot 632 = 341\,912$.

Seite 73 | Aufgabe 5

a) Der Radfahrer fährt pro Tag $10 \cdot 16$ km = 160 km. Er braucht also
40 000 km : 160 km/Tag = 250 Tage.

b) $250 \cdot 8$ Stunden $\cdot$ 20 km/Stunde = 40 000 km. Er müsste also pro Stunde 20 km fahren.

c) 40 000 km : 40 km/Tag = 1000 Tage. Der Fußgänger würde 1000 Tage brauchen.

Seite 73 | Aufgabe 6

2^{14} Cent = 16 384 Cent = 163,84 €. Das Geld würde für das Smartphone reichen.

Seite 73 | Aufgabe 7

a)

	4	2	2	8	8
+	4	8	2	1	2
+	4	7	2	7	5
+	4	8	3	2	1
+	3	9	2	9	1
+	2	9	2	8	2
+	4	1	2	8	8
+	3	1	0	4	5
+	7	1	2	1	2
	4	2	5	3	
3	9	8	2	1	4

Der Zug wiegt insgesamt 398 214 kg, ist also für die Brücke zu schwer.

b) Es müssen 398 214 kg – 360 000 kg = 38 214 kg eingespart werden. Es genügt also, einen Wagen abzukoppeln, es darf nur nicht einer der beiden leichtesten sein.

Seite 74 | Aufgabe 8

a) 28 km : 14 = 2 km: Jedes Teammitglied läuft 2 km.

b) 28 km : 4 km = 7: Im Team der Achtklässler laufen 7 Leute mit.

Seite 74 | Aufgabe 9

Pro Minute werden 240 Kinder geboren, pro Stunde sind es 14 400, pro Tag 345 600 und pro Jahr (365 Tage) 126 144 000 Kinder.

Seite 74 | Aufgabe 10

a) Es sind 26 Teilnehmer, also muss jeder 182 € : 26 = 7 € bezahlen.

b) Bei jetzt 28 Teilnehmern betragen die Fahrtkosten pro Person 182 € : 28 = 6,50 €.

Seite 74 | Aufgabe 11

a) ① $17 \cdot 9 = 153 < 27 \cdot 59 = 1593 < 10^7 = 10\,000\,000$

② $18 \cdot 10 \cdot 5 = 900 < 23 \cdot 2 \cdot 5 \cdot 4 = 920 < 25 \cdot 36 \cdot 3 = 2700$

③ $5^3 \cdot 9 = 1125 < 73 \cdot 58 = 4234 < 12 \cdot 10^3 = 12\,000 < 12^5 \cdot 8 = 1\,990\,656$

④ $3^4 \cdot 2^3 = 648 < 2^8 \cdot 7 = 1792 < 24 \cdot 71 \cdot 3 = 5112 < 723 \cdot 13 = 9399$

b) individuelle Lösungen

Seite 74 | Aufgabe 12

a) 824 : 103 = 8	b) 78 · 9 = 702	c) 847 : 11 = 77	d) 12 · 81 = 972
e) 288 : 12 = 24	f) 814 : 37 = 22	g) 736 : 92 = 8	h) 101 · 13 = 1313

Seite 74 | Aufgabe 13

a) Stimmt nie (bei natürlichen Zahlen): Das Produkt immer größer als die Faktoren, oder genauso groß wie einer der Faktoren, wenn der andere 1 ist.

b) Stimmt manchmal, muss aber nicht stimmen.

c) Stimmt immer.

d) Stimmt nie. Die Division durch 0 ist nicht definiert und hat kein sinnvolles Ergebnis.

e) Stimmt immer. Division und Multiplikation sind Umkehroperationen.

Seite 74 | Aufgabe 14

a)

	5	7	7	9
-	4	5	1	7
	1	2	6	2

b)

		8	6	8	9
+		8	0	4	2
	1	6	7	3	1

c)

	1	1	1	6	:	3	1	=	3	6
-	9	3								
		1	8	6						
-		1	8	6						
				0						

Seite 75 | Aufgabe 15

120 · 48 · 75 = 432 000 Zeichen.

432 000 : (32 · 51) = 432 000 : (1632) = 264 Rest 1152.

Die Neuauflage hat 265 Seiten, die letzte Seite ist nicht ganz gefüllt.

Seite 75 | Aufgabe 16

a) 100 · 24 · 4 · 12 = 115 200.
In 100 Kartons befinden sich 115 200 Pralinen.

b) 2566 : 12 = 213 Rest 10.
Der Automat kann 2566 Schachteln füllen, es bleiben 10 Pralinen übrig.

c) Je 12 Pralinen wiegen 125 g. 1152 : 12 = 96, die 1152 Pralinen bilden also 96 12er-Gruppen. Sie sind damit 96 · 125 g = 12 000 g = 12 kg schwer.

Seite 75 | Aufgabe 17

a) Das Ergebnis hat immer 5 Stellen, da der Übertrag zur Hunderterstelle immer 1 beträgt, damit die Hunderter mindestens 10, höchstens 18 betragen und somit immer ein Übertrag von 1 zu den Tausender entsteht.

b) ①

	1	0	1	2	5	6
-		9	4	5	0	7
	1	1	1		1	
		6	7	4	9	

②

	2	3	4	7	8
+	5	9	8	3	4
	1	1	1	1	
	8	3	3	1	2

c)

		9	2	8	5
+		4	5	8	6
			1	1	
	1	3	8	7	1

Seite 75 | Aufgabe 18

Blaue Blüte:	2035
Rote Blüte:	März: 31 Tage, April: 30 Tage; Mai: 31 Tage; Juni: 30 Tage, Juli: 31 Tage, August: 31 Tage, September: 30 Tage, Oktober: 31 Tage, insgesamt also 245 Öffnungstage. Öffnungszeit pro Tag: 9 Stunden, in einer Saison also 2205 Stunden.
Gelbe Blüte:	13,41 Millionen Euro
Grüne Blüte:	525 Heuballen · 80 kg = 42 000 kg, also 1400 kg pro Tag. Für jeden der 14 Elefanten standen also 100 kg Heu pro Tag zur Verfügung.
Violette Blüte:	Individuelle Lösungen

3. Grundbegriffe der Geometrie

3.1 Senkrecht und parallel zueinander

Seite 82 | Einstieg

Legst du das Geodreieck so auf eine Gerade, dass sie von einer der Hilfslinien überdeckt wird, so kannst du eine Parallele zu dieser Geraden zeichnen. Die Hilfslinien auf dem Geodreieck haben einen Abstand von 0,5 cm.

Seite 82 | Aufgabe 1

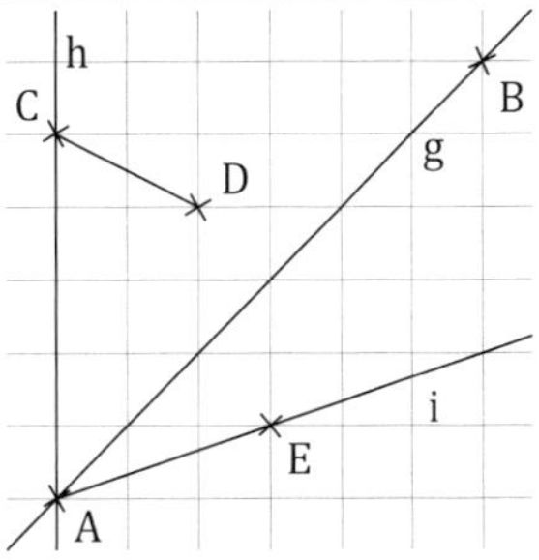

Seite 82 | Aufgabe 2

a) a: 9,7 cm; b: 2 cm; c: 3,7 cm; d: 2,4 cm; e: 7,6 cm; f: 5,8 cm; g: 2,9 cm

b) Verwende dein Geodreieck. Es gilt 35 mm = 3,5 cm und 63 mm = 6,3 cm. Die 11,7 cm kannst du in 7 cm + 4,7 cm aufteilen und dann die Skala auf den beiden Seiten der 0 verwenden.

Seite 83 | Aufgabe 3

a) und b)

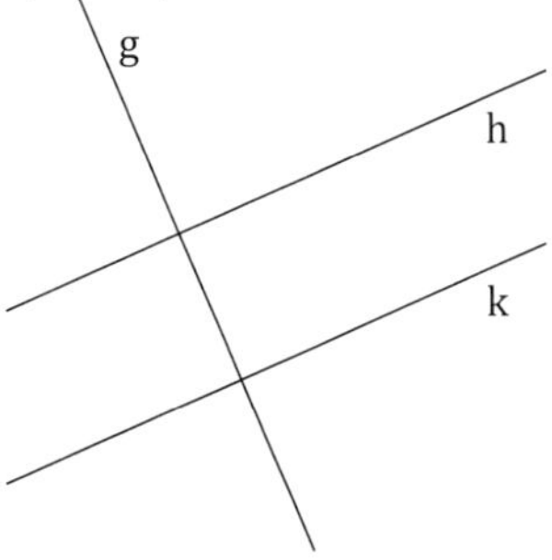

c) Die Geraden h und k sind parallel.

Seite 84 | Aufgabe 4

a) Verwende die Linien auf dem Geodreieck.

b) Zeichne eine Hilfslinie, die senkrecht zur ersten Geraden steht, markiere einen Punkt P in 7 cm Abstand und zeichne eine Senkrechte zur Hilfslinie durch P.

Seite 84 | Aufgabe 5

a) Die Geraden r, s, und v sind senkrecht zu den Geraden b und a. Die Geraden t und w stehen senkrecht aufeinander.

b) Die Geraden r, s und v sind zueinander parallel. Abstand r–s: 0,8 cm; Abstand r – v: 2,1 cm; Abstand s – v: 1,2 cm
Die Geraden b und a sind parallel zueinander, Abstand: 1,3 cm

Seite 84 | Aufgabe 6

a)

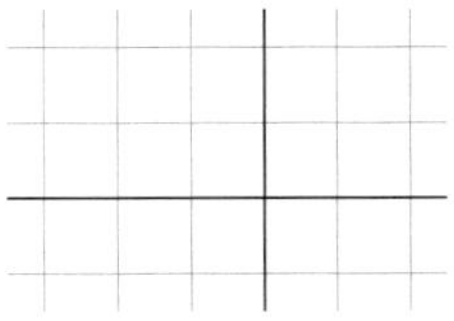

b)

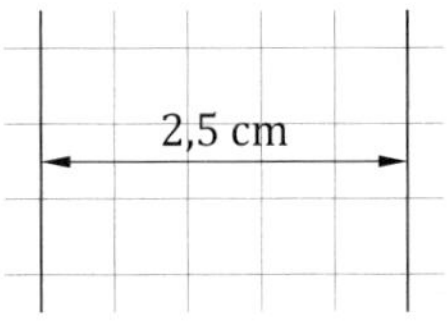

c)

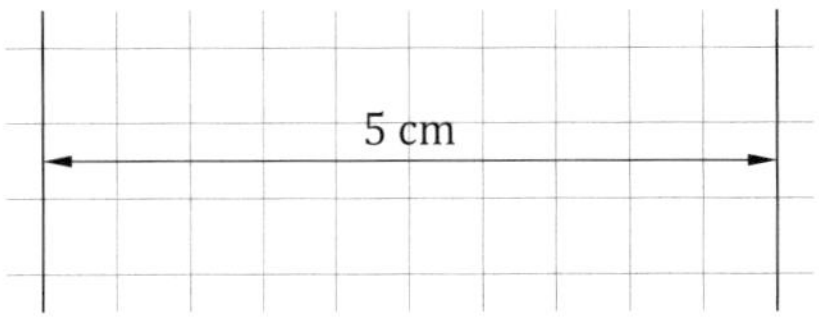

d)

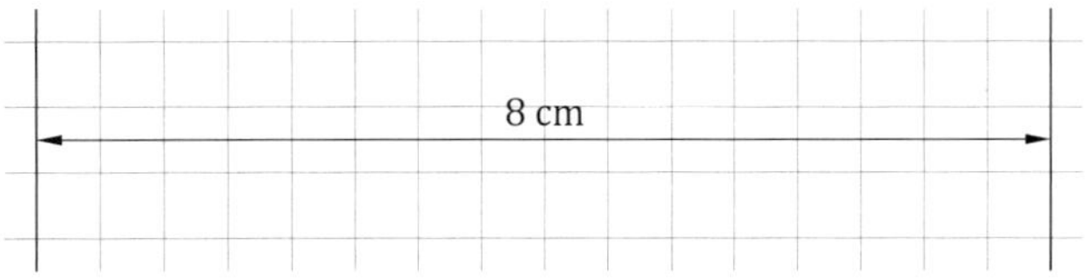

Seite 84 | Aufgabe 7

a)

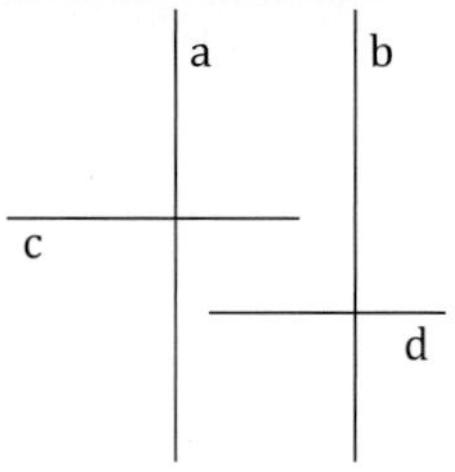

b)

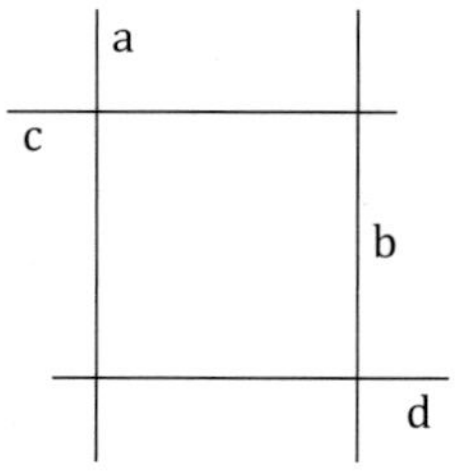

Seite 85 | Aufgabe 8

a) Ecken von Fenster- und Türrahmen, Regalbrettern und -seitenwänden usw.

b) Seiten von Fenster- und Türrahmen, Möbelseiten, Eisenbahnschienen usw.

c) Fahrbahnmarkierungen

Seite 85 | Aufgabe 9

a) bis c)

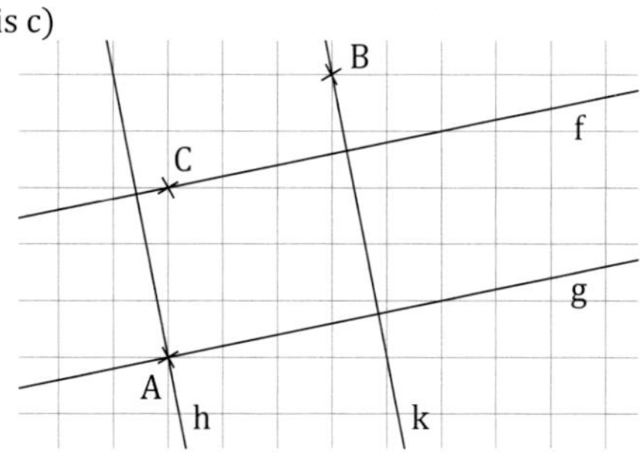

d) Die Geraden h und k verlaufen parallel zueinander.

Seite 85 | Aufgabe 10

Die Geraden schneiden sich nur in diesem Ausschnitt nicht. Werden die Geraden auf dem Bild verlängert, wird man sehen, dass sie sich tatsächlich schneiden. Die Geraden liegen also nicht parallel zueinander.

Seite 85 | Aufgabe 11

a) g||c, g||a, g||e, c||a, c||e, a||e, d||b, d||f, b||f

g⊥f, g⊥d, g⊥b, c⊥f, c⊥d, c⊥b, a⊥f, a⊥d, a⊥b, e⊥f, e⊥d, e⊥b

b)

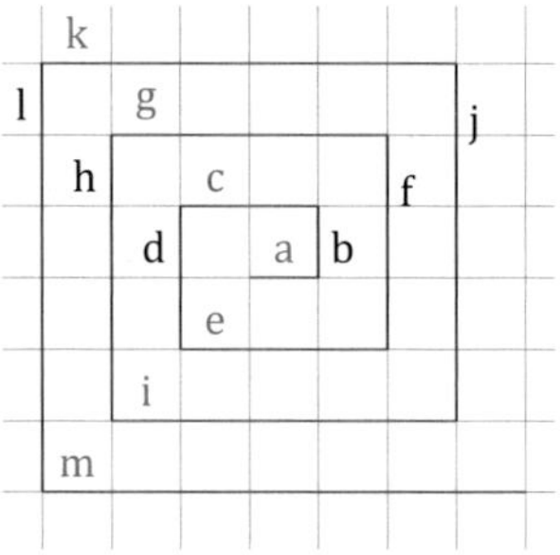

Seite 85 | Aufgabe 12

Jeweils 4 Geraden sind parallel zueinander. Jede Gerade steht auf 8 anderen senkrecht, 4 davon schneidet sie. Auf den übrigen 4 Geraden steht sie zwar senkrecht, schneidet sie aber nicht.

Seite 85 | Aufgabe 13

a) 1,2 cm

b)

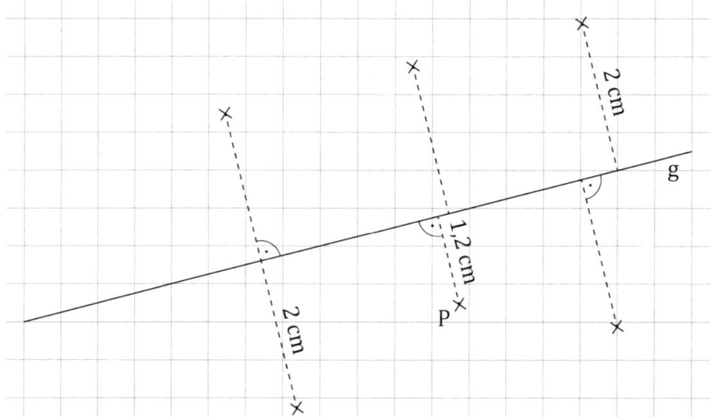

c) Es gibt unendlich viele Punkte, die einen Abstand von 2 cm zur Geraden g haben. Es ist also unmöglich, sie alle zu zeichnen.

d) Alle Punkte, die einen Abstand von 2 cm zu einem Seil haben, liegen röhrenförmig um das Seil herum. Man kann sich das etwa wie einen Gartenschlauch vorstellen, in dessen Mitte das Seil gespannt ist, und der einen Radius von 2 cm hat.

Streifzug Parallelverschiebung

Seite 86 | Einstieg

In dem Muster wiederholen sich zwei Halbkreise, die je zur Hälfte schwarz und weiß sind. Man kann das Muster also erzeugen, indem man Fliesen mit diesem Motiv herstellt und aneinander reiht.

Seite 87 | Aufgabe 1

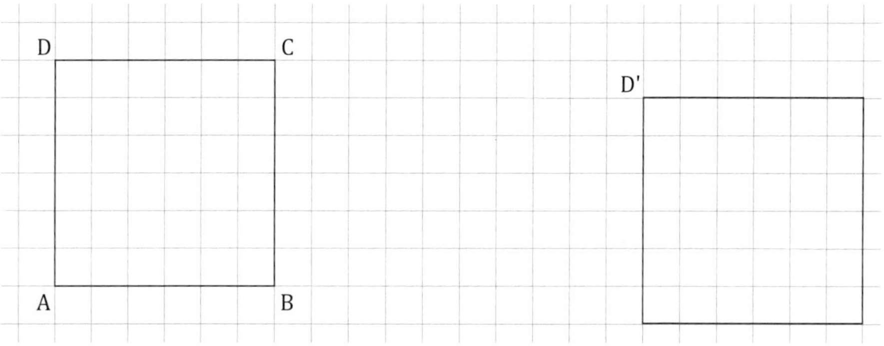

Seite 87 | Aufgabe 2

Seite 87 | Aufgabe 3

a) 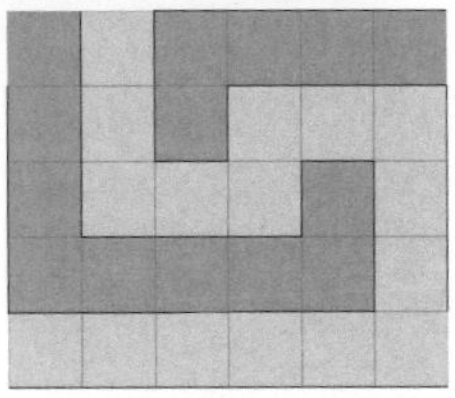

Die Grundfigur wird um die Länge 6 verschoben.

b) Individuelle Lösungen

Seite 87 | Aufgabe 4

Individuelle Lösungen

3.2 Vierecke

Seite 88 | Einstieg

Alle Vierecke haben je zwei parallele Seiten.

Das braune, lachsfarbene, ockerfarbene und orange Viereck hat zusätzlich senkrechte Seiten.

Das lilafarbene, hellblaue, ockerfarbene und orange Viereck hat zusätzlich gleich lange Seiten.

Seite 89 | Aufgabe 1

a) 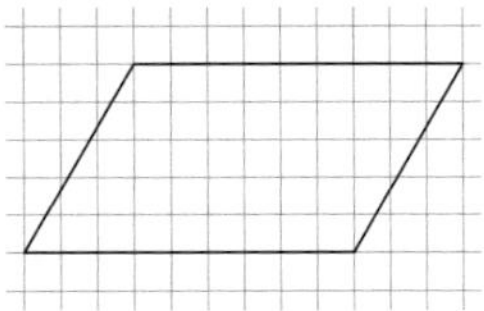

b) 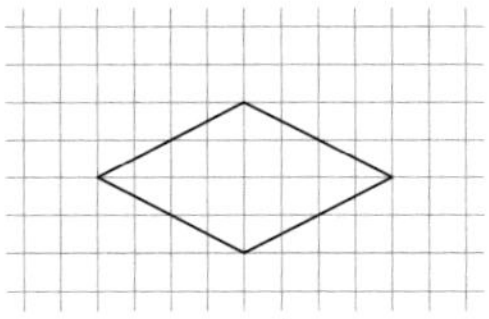

c) 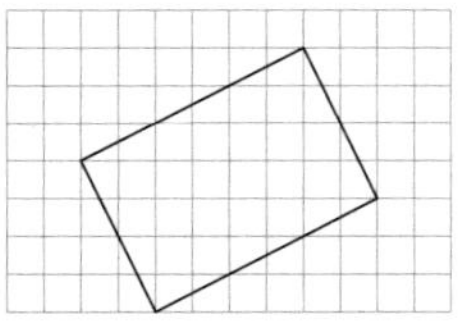

Seite 89 | Aufgabe 2

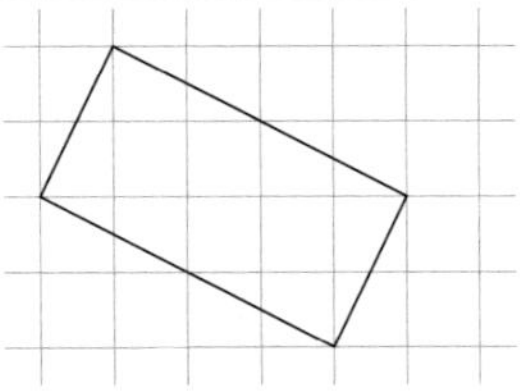

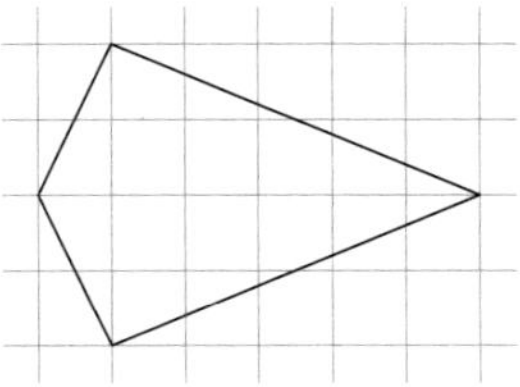

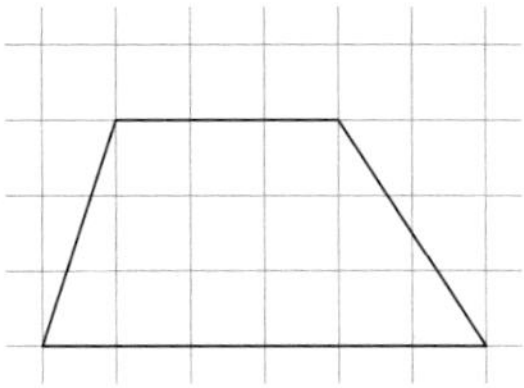

Seite 89 | Aufgabe 3

a) 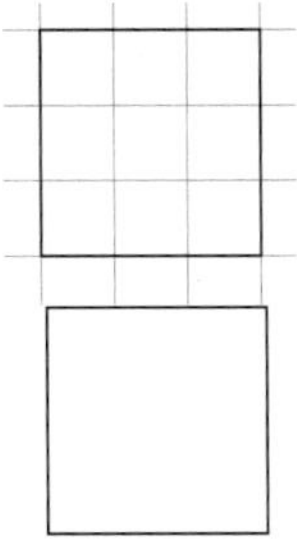

b) 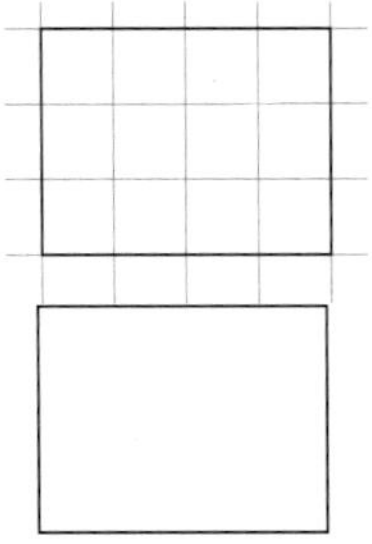

c) 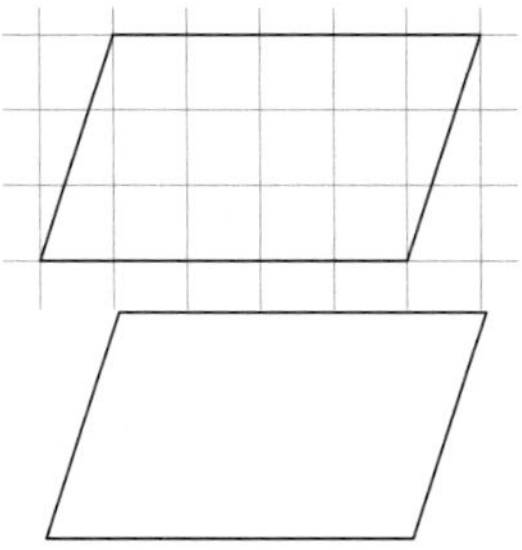

d) 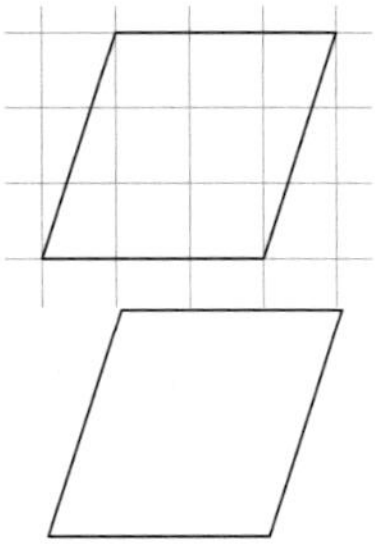

Auf dem Karopapier ist es einfacher, geometrische Formen zu zeichnen. Die rechten Winkel können vom Raster übernommen werden und die Längen an den Kästchen abgezählt werden.

Seite 89 | Aufgabe 4

a) 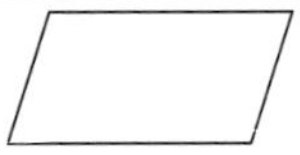

Parallelogramm

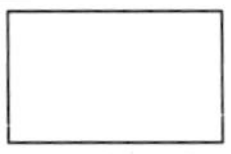

Rechteck

b) 

Quadrat

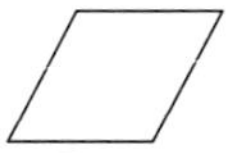

Raute

c) 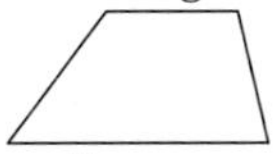

Trapez

Seite 90 | Aufgabe 5

Die Figur enthält zwei Vierecke, ein Parallelogramm (rot) und ein Quadrat (blau). Ansonsten gibt es noch rechtwinklige Dreiecke.

Seite 90 | Aufgabe 6

a) Trapez, Quadrat, Rechteck

b) Individuelle Lösungen

Seite 90 | Aufgabe 7

a) Die Figur ist eindeutig bestimmt.

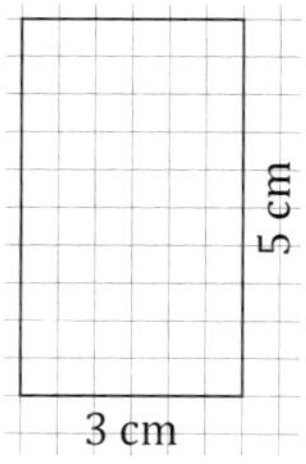

b) Es gibt unendlich viele Möglichkeiten, da der Winkel zwischen den Seiten beliebig gewählt werden kann.

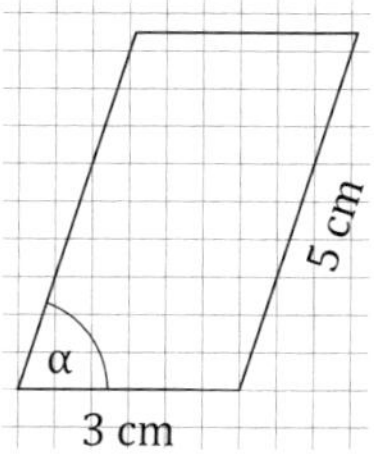

c) Es gibt unendlich viele Möglichkeiten, da der Winkel zwischen den Seiten und die Länge der parallelen Seiten a und b beliebig gewählt werden kann.

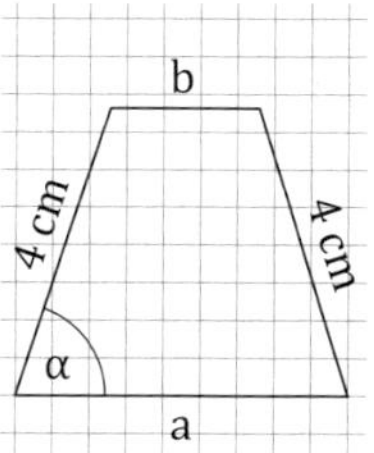

d) Da man den Winkel zwischen zwei Seiten beliebig wählen kann, gibt es unendlich viele Möglichkeiten.

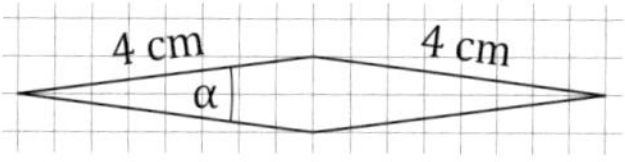

Seite 90 | Aufgabe 8

a) Beim Parallelogramm sind nur zwei Seiten parallel, die anderen beiden nicht.
Das Quadrat hat nur einen rechten Winkel.

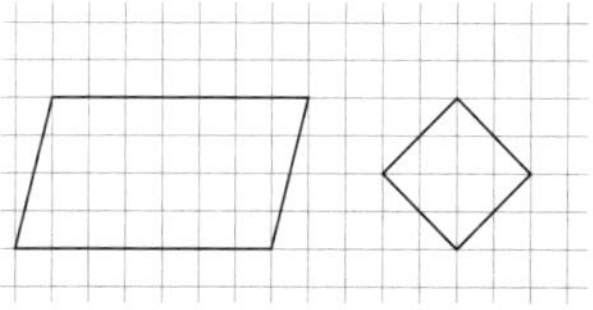

b) Jedes Quadrat ist ein Rechteck, da in einem Rechteck die Seiten paarweise parallel sind und es vier rechte Winkel gibt. Diese Kriterien erfüllt auch ein Quadrat. Dagegen ist nicht jedes Rechteck ein Quadrat.

Seite 90 | Aufgabe 9

	a)	b)	c)	d)	e)	f)
Quadrat		X				
Rechteck	X	X				
Parallelogramm	X	X		X	X	
Raute		X		X		
Trapez	X	X	X	X	X	
Drachenviereck		X		X		X

Seite 91 | Aufgabe 10

a) Richtig, da die gegenüberliegenden Seiten parallel zueinander und gleich lang sind.

b) Falsch, da dies nur gilt, wenn alle Innenwinkel 90° betragen.

c) Falsch, da dies nur gilt, wenn die benachbarten Seiten gleich lang sind. Im Rechteck sind gegenüberliegende Seiten gleich lang.

d) Richtig, da die gegenüberliegenden Seite parallel zueinander liegen.

e) Falsch, da dies nur gilt, wenn alle Innenwinkel 90° betragen.

f) Falsch, dazu müssten alle Seiten gleich lang sein.

g) Richtig, da zwei gegenüberliegende Seiten parallel zueinander sind.

h) Richtig, da die benachbarten Seiten gleich lang sind.

Seite 91 | Aufgabe 11

a)

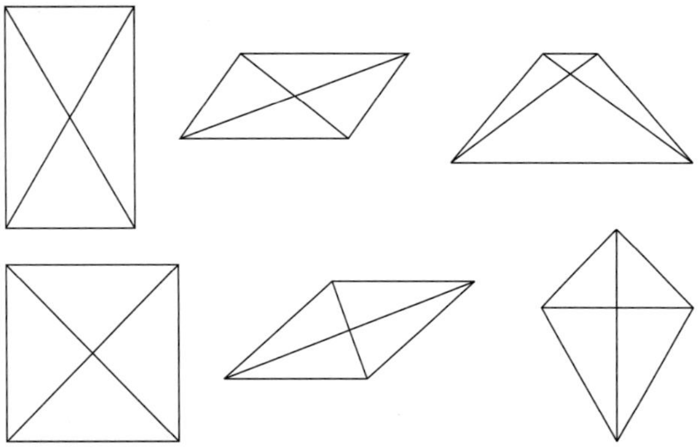

b) „Die Diagonalen stehen senkrecht aufeinander" gilt für Quadrat, Raute und Drachenviereck.
„Die Diagonalen sind gleich lang" gilt für Quadrat, Rechteck und Trapez.
„Die Diagonalen halbieren sich. Der Schnittpunkt der beiden Diagonalen ist also die Mitte der Diagonalen" gilt für Quadrat, Rechteck, Raute und Parallelogramm.

c) Individuelle Lösungen

Seite 91 | Aufgabe 12

a)

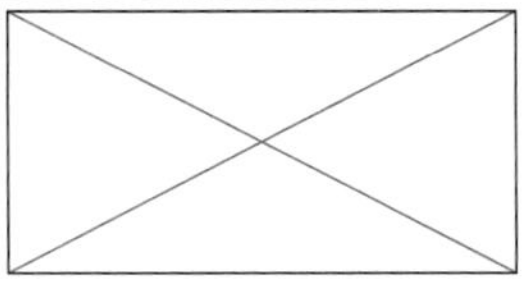

b)

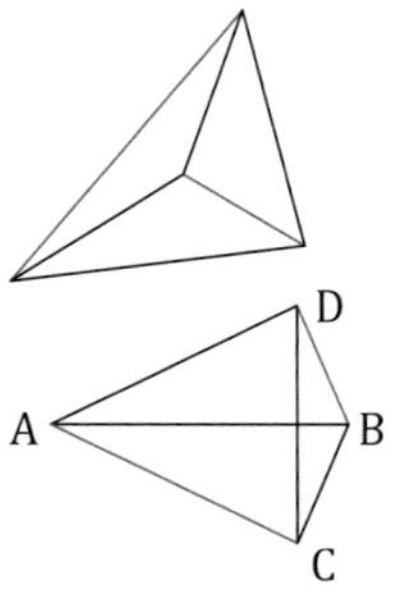

c) Liegen beide Diagonalen außerhalb des Vierecks, handelt es sich um ein sogenanntes „überschlagenes Viereck". Diese Vierecke gelten aber oft nicht als „echte" Vierecke.

Seite 91 | Aufgabe 13

a)

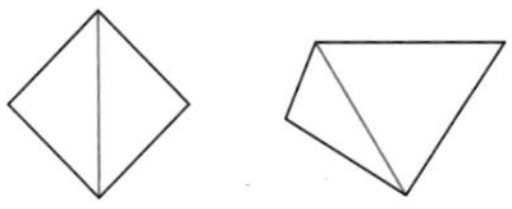

b)

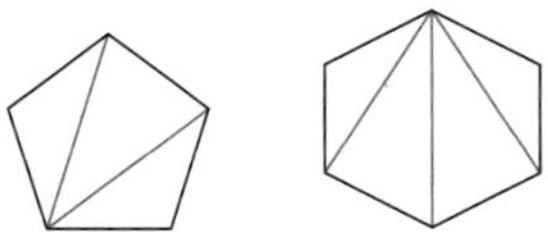

c) Individuelle Lösungen

d) Ein Viereck kann man in zwei Dreiecke zerlegen, ein Fünfeck in 2, ein Sechseck in drei. Dies legt nahe, dass man jedes Vieleck in genau die Anzahl Dreiecke zerlegen kann, die um 2 kleiner ist als die Eckenzahl. Ein 15-Eck kann also z.B. in 13 Dreiecke zerlegt werden.

Seite 91 | Aufgabe 14

a) Es können zwei Vierecke hergestellt werden.

b) Das ist nicht möglich: Nach Abschneiden eines Dreiecks sind noch 5 Ecken übrig.

c) Das ist nicht möglich: Nachdem das erste Fünfeck ausgeschnitten ist, sind noch 3 Ecken übrig. Das reicht nicht für ein weiteres Fünfeck.

Seite 91 | Aufgabe 15

a)

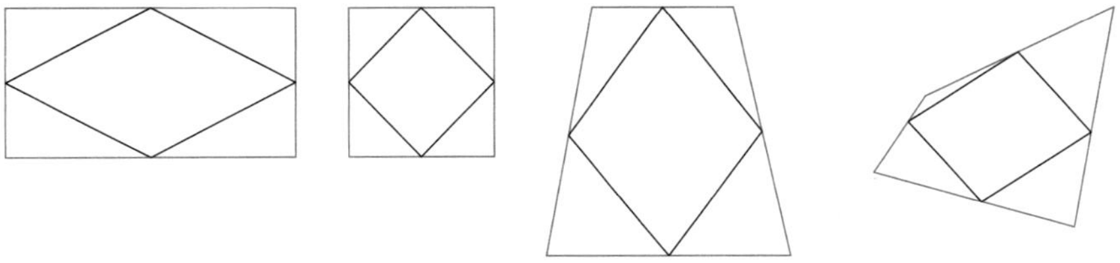

b) Die Seiten der entstehenden Vierecke sind paarweise parallel zueinander. Geht man von einem Rechteck oder einem Trapez aus, entsteht eine Raute, bei einem Quadrat entsteht ein weiteres Quadrat.

Seite 91 | Aufgabe 16

a)

Anzahl der Ecken	Anzahl der Diagonalen
3	0
4	2
5	5
6	9
7	14

b) Wird eine Ecke hinzugefügt, kommen neue Diagonalen hinzu. Von Viereck zu Fünfeck hat sich die Zahl der Diagonalen um 3 erhöht, von Fünfeck zu Sechseck um 4, von Sechseck zu Siebeneck um 5. Führt man diese Rechnung weiter, so ergeben sich für das 10-Eck

$2 + 3 + 4 + 5 + 6 + 7 + 8 = 35$ Diagonalen.

Für das 20-Eck ergeben sich entsprechend

$2 + 3 + 4 + 5 + 6 + 7 + 8 + 9 + 10 + 11 + 12 + 13 + 14 + 15 + 16 + 17 + 18 = 170$ Diagonalen.

3.3 Koordinaten

Seite 92 | Einstieg

Max kann sich mit seinem Freund auf einen Punkt auf der Karte einigen (z.B. eine Ecke) und dann angeben, wie viele Kästchen man sich von diesem Punkt aus nach oben/unten sowie nach rechts/links bewegen muss, um zu einem der roten Kreuze zu gelangen.

Seite 93 | Aufgabe 1

a) A(1|0), B(3|0), C(3|2), D(1|2), E(2|4), F(2|1)

b) A(0|0), B(1|0), C(1|3), D(4|3), E(4|0), F(5|0), G(5|4), H(0|4)

Seite 93 | Aufgabe 2

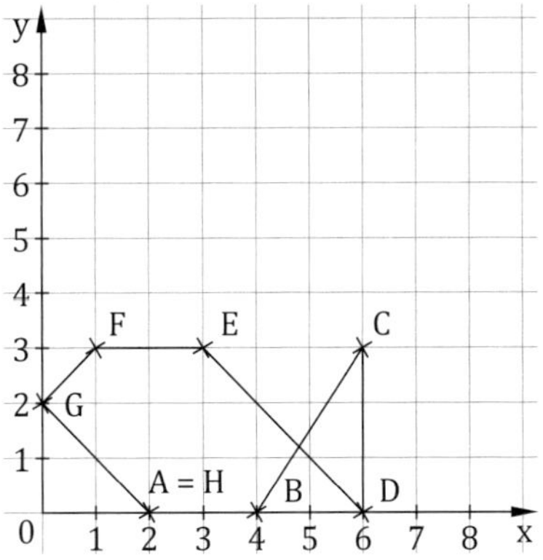

Seite 93 | Aufgabe 3

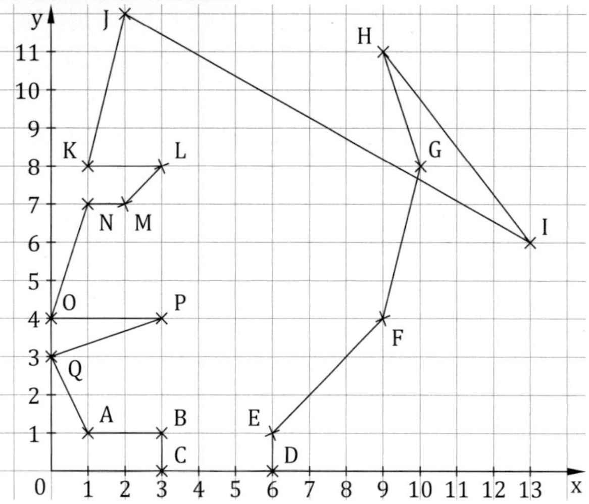

Seite 93 | Aufgabe 4

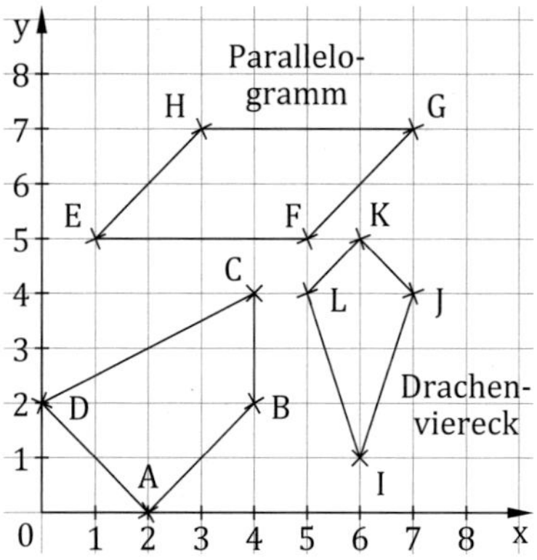

Seite 94 | Aufgabe 5

A(1|0), B(6|0), C(6|2), D(5|3), E(2|3), F(1|2), G(2|0), H(3|0), I(3|1), J(2|1)

Seite 94 | Aufgabe 6

a) A(1|1), B(2|2), C(5|2), D(6|0),E(6|2), F(7|2), G(6|5), H(7|6), I(7|8), J(6|7), K(5|8), L(5|6), M(6|5), N(5|4), O(1|4), P(0|5), Q(0|4), R(1|3), S(1|1); b) und c) individuelle Lösungen

Seite 94 | Aufgabe 7

a)

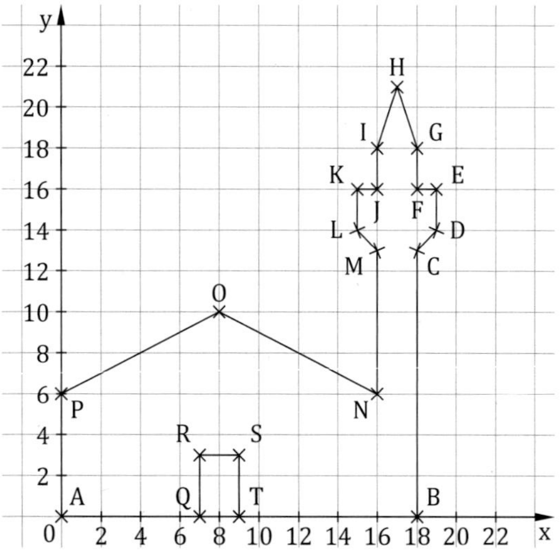

Höhe des Turms: 21 m. Höhe des niedrigeren Gebäudeteils: 10 m

b) Tür: Q(7|0), R(7|3), S(9|3), T(9|0)

Seite 94 | Aufgabe 8

a) C2 in der Stadtkarte oder auf dem Spielbrett beschreibt den Inhalt des Quadrates in der Spalte C und in der Zeile 2. E2–E4 (gelesen: „Von E2 nach E4“) steht für einen Spielzug des Bauern vom Feld E2 zwei Felder nach vorn, auf das Feld E4.

b) Unser Koordinatensystem beginnt im Punkt O(0|0) und beide Achsen sind durch Zahlen skaliert. Diese Zahlen stehen nicht für Bereiche, sondern für konkrete Stellen. Durch die Verwendung von Buchstaben werden weniger „Zahlendreher“ gemacht. Jeder weiß sofort, von welcher Achse gesprochen wird. Ein Nachteil ist, dass es nur 26 Buchstaben gibt.

Seite 95 | Aufgabe 9

a)
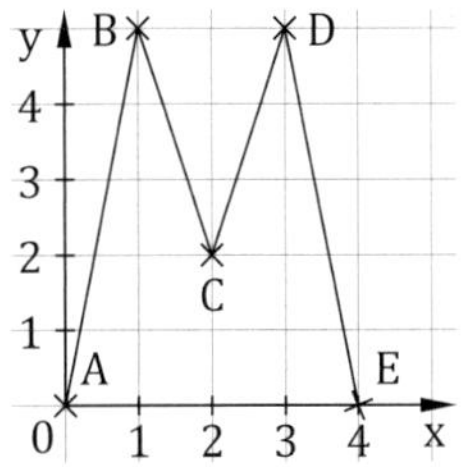

Alicia hat die Achsen verwechselt

b) Peter sollte zunächst darauf achten, wie groß das Koordinatensystem werden muss. Dafür sucht er die größten Koordinaten, die er einzeichnen will. Danach bestimmt er die Länge und Einteilung der Achsen.

c) Konrad hat die y-Achse nicht richtig beschriftet: Sie beginnt mit 1, nicht mit 0. Dadurch kann der Punkt A(2|0) nicht eingezeichnet werden.

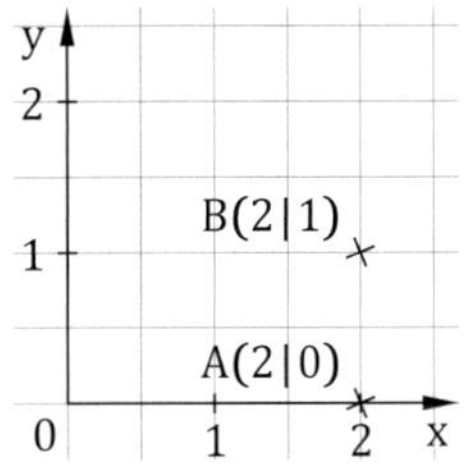

Seite 95 | Aufgabe 10

a) bis c)

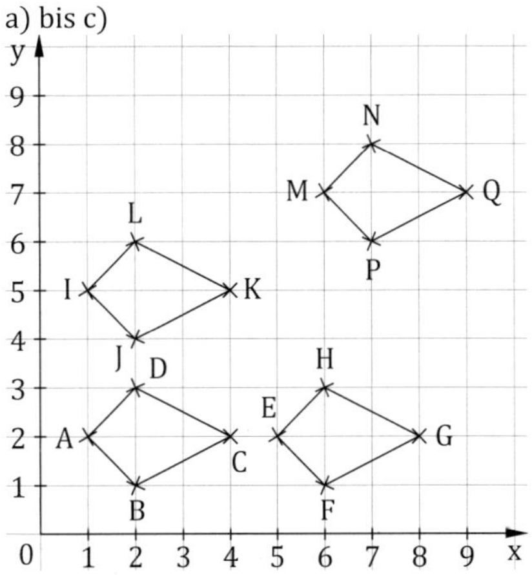

d) Das Viereck wird bei Veränderung der x-Werte in Richtung der x-Achse (hier nach rechts) verschoben. Bei Veränderung der y-Werte wird das Viereck entlang der y-Achse (hier nach oben) verschoben. Verändert man beide Werte, wird das Viereck nach rechts und oben verschoben. Seine Form bleibt bei allen Verschiebungen gleich.

Seite 95 | Aufgabe 11

a) Diese Punkte liegen auf der Parallelen zur x-Achse, die den Abstand 4 zur x-Achse hat und durch A(0|4) geht.
b) Diese Punkte liegen auf der Parallelen zur y-Achse, die den Abstand 2 zur y-Achse hat und durch den Punkt A(2|0) geht.
c) Diese Punkte liegen alle auf der x-Achse, denn hier gilt $y = 0$.
d) Diese Punkte liegen alle auf der Winkelhalbierenden zwischen x- und y-Achse. Sie haben den gleichen Abstand von beiden Achsen.
e) Auf einer Geraden, die die x-Achse und die y-Achse jeweils bei 10 schneidet.
f) Der Punkt wird dadurch an der Winkelhalbierenden gespiegelt.

3.4 Grundkörper

Seite 96 | Einstieg

Zu sehen sind 4 Quader, 2 Würfel (gelb, grau), 2 Pyramiden (grün) und Prismen.

Seite 97 | Aufgabe 1

a) dreiseitiges Prisma; Begrenzungsflächen: 2 Dreiecke, 3 Rechtecke; 6 Ecken; 9 Kanten
b) quadratische Pyramide, Begrenzungsflächen: 1 Quadrat, 4 Dreiecke; 5 Ecken; 8 Kanten
c) sechsseitiges Prisma, Begrenzungsflächen: 2 Sechsecke, 6 Rechtecke; 12 Ecken; 18 Kanten

Seite 98 | Aufgabe 2

Würfel	Quader	Prisma	Pyramide	Kegel	Kugel
Praline	Ziegelstein	Hausdach	Ägyptische Pyramide	Schultüte	Glasmurmel
Zauberwürfel	Butter	Toblerone	Teebeutel	Partyhut	Orange
Spielwürfel	Schwamm	Bleistift	Turmdach	Federball	Fußball
Notizblock	Buch	Käsestück	Adventspyramide	Eiswaffel	Globus

Seite 98 | Aufgabe 3

a) Würfel: Zauberwürfel
b) Quader und dreiseitiges Prisma: Haus
c) Quader, Würfel und quadratische Pyramide: Uhrturm
d) Kugel und Zylinder: Lutscher
e) Zylinder, Prisma mit Trapez als Grundfläche: Hammer
f) sechsseitiges Prisma und Pyramide: Bleistift
g) Kegel und Halbkugel: Eis
h) 3 Kugeln, 2 Halbkugeln, Kegel (Nase) und 7 Zylinder: Schneemann

Seite 98 | Aufgabe 4

a) 5 Ecken, 5 Flächen (davon 4 sichtbare), 8 Kanten
b) 4 gleiche Seitenflächen in Form eines Dreiecks und 1 quadratische Grundfläche

Seite 98 | Aufgabe 5

a) Kegel (Hut), Kugel (Kopf), Quader (Arme), dreiseitiges Prisma (Beine), sechsseitiges Prisma (Füße), Zylinder (Körper), Würfel (Sitz)

b)

	Kegel	Kugel	Quader	Dreiseitiges Prisma	Sechsseitiges Prisma	Zylinder	Würfel
Begrenzungsflächen	2	1	6	5	8	3	6
Ecken	0	0	8	6	12	0	8
Kanten	1	0	12	9	18	2	12

c) Quader, Würfel
d) Eine kreisförmige Grundfläche haben 2 Körper: Kegel (dazu kommt eine gewölbte Begrenzungsfläche) und Zylinder (dazu eine gewölbte und eine weitere kreisförmige Begrenzungsfläche).

Seite 99 | Aufgabe 6

		Würfel	Quader	Prisma	Pyramide
a)	Der Körper besteht aus 6 rechteckigen Flächen.	Ja	Ja	Nein (nicht allgemein)	Nein
b)	Der Körper hat 5 Begrenzungsflächen.	Nein	Nein	Ja, wenn es ein dreiseitiges ist	Ja, bei viereckiger Grundfläche
c)	Gegenüberliegende Begrenzungsflächen sind gleich groß.	Ja	Ja	Ja	Nein
d)	Der Körper hat 9 Kanten.	Nein	Nein	Ja, wenn es ein dreiseitiges ist	Nein
e)	Es gibt mehr als 2 Dreiecke als Begrenzungsflächen.	Nein	Nein	Ja, wenn es ein dreiseitiges ist	Ja, bei dreieckiger Grundfläche
f)	Alle Kanten sind gleich lang.	Ja	Nein	Nicht allgemein, in Sonderfällen ja	Nicht allgemein, in Sonderfällen ja

Seite 99 | Aufgabe 7

a) Würfel und Quader

b) Pyramide mit dreieckiger Grundfläche

c) Kegel

d) Kugel

e) individuelle Lösungen

Seite 99 | Aufgabe 8

a) Das stimmt nicht. Ein Kegel hat eine Ecke und kann rollen.

b) Das ist richtig. Ein Würfel ist ein spezieller Quader.

c) Das stimmt nicht. Bei einem Quader müssen die Seiten nicht gleich lang sein, nur dann ist es aber ein Würfel.

d) Das stimmt nicht. Ein Kegel besteht aus zwei Begrenzungsflächen, eine Kugel hat nur eine.

Seite 99 | Aufgabe 9

a) 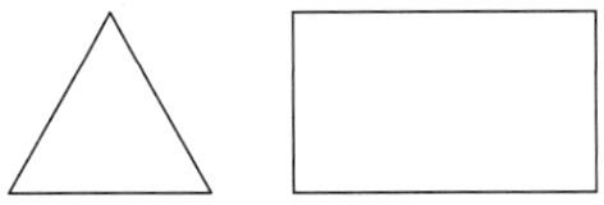

b) 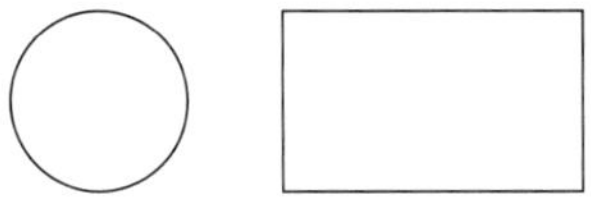

c) 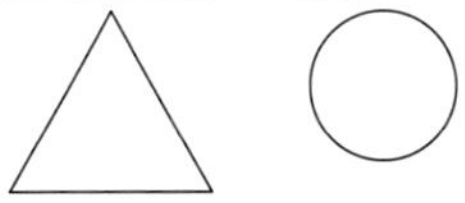

d) 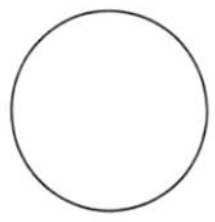

Seite 99 | Aufgabe 10

a) 12 Stäbchen und 8 Knetkügelchen, die Stäbchen müssen gleich groß sein.

b) Man braucht genauso viele Stäbchen und Knetkügelchen, bei den Stäbchen müssen aber nur jeweils zwei (die dann gegenüber liegen) gleich groß sein.

c) individuelle Lösungen

Seite 99 | Aufgabe 11

a) Es ist eine unmögliche Figur, weil die Anordnung der Körper von vorn gesehen nicht mit der Anordnung der Körper von hinten gesehen übereinstimmt.

b) Nein, da die Figur nicht eindeutig ist.

3.5 Körpernetze

Seite 100 | Einstieg

Die Figuren ① und ② können durch Zerschneiden eines Würfels entstanden sein.

Seite 101 | Aufgabe 1

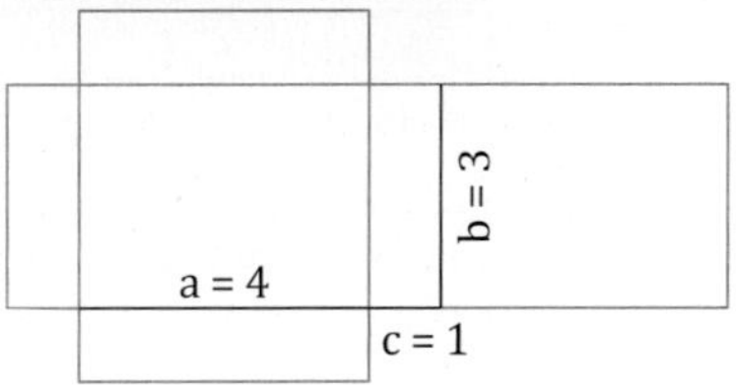

Seite 101 | Aufgabe 2

a)

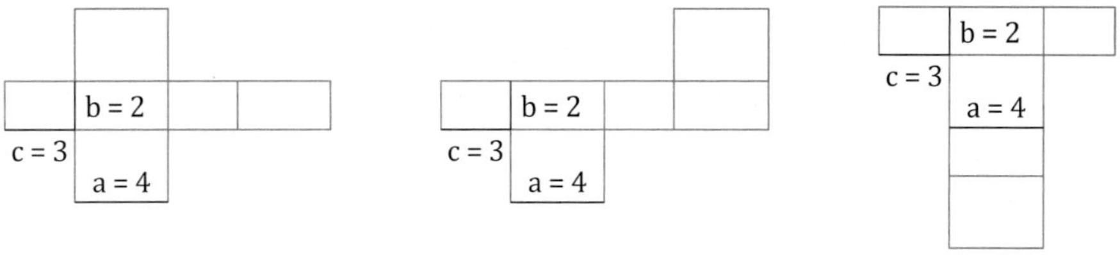

b)

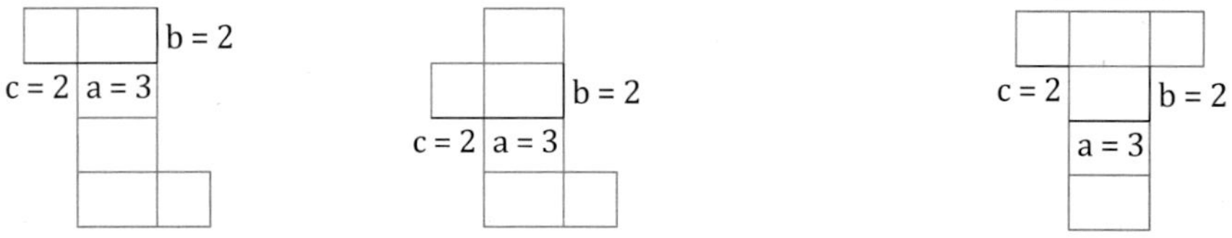

Seite 101 | Aufgabe 3

(Zu jeder Teilaufgabe sind jeweils 2 Beispiele angegeben)

a)

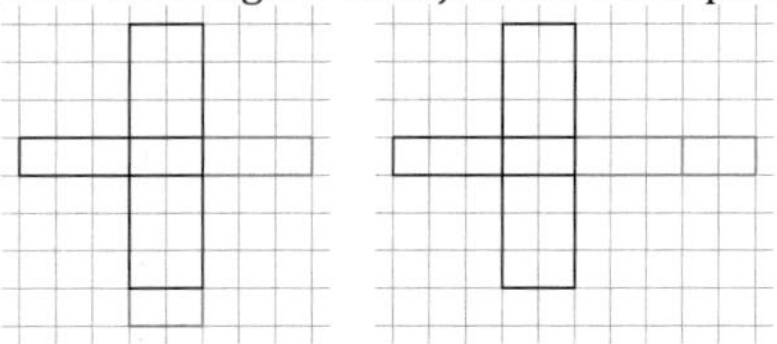

b)

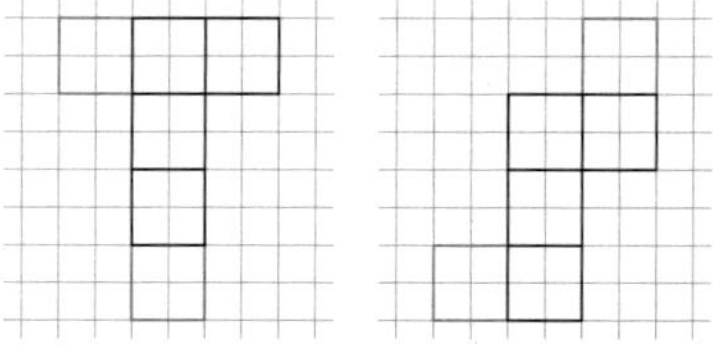

c)

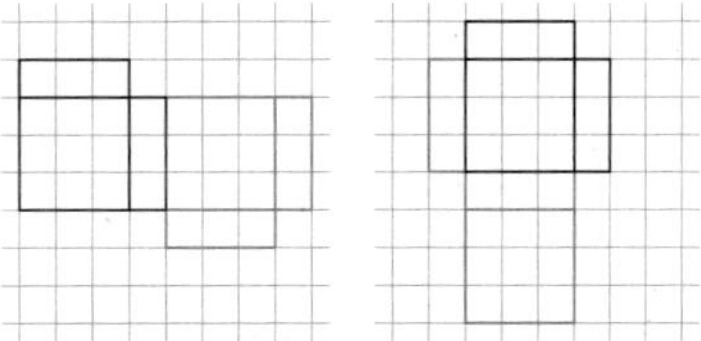

d)

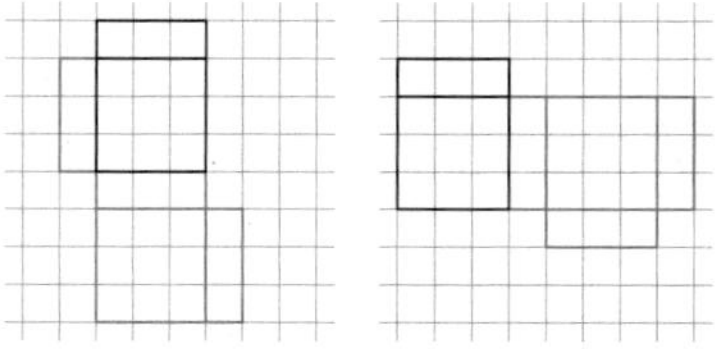

e)

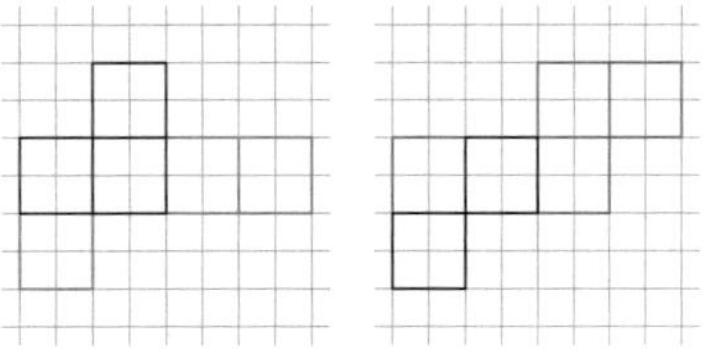

Seite 101 | Aufgabe 4

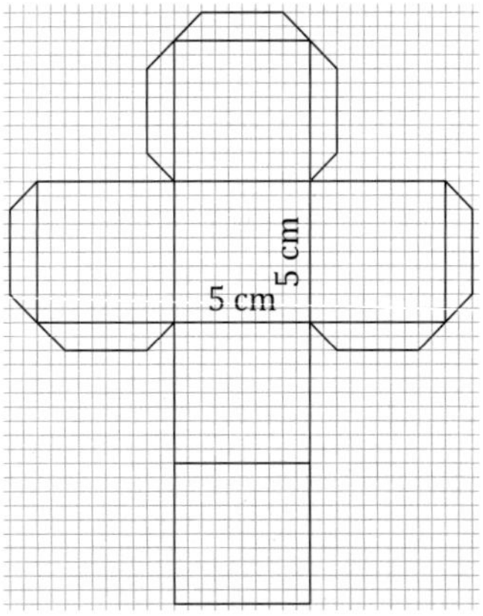

Seite 102 | Aufgabe 5

Netz ① gehört zu Quader C

Netz ② gehört zu Quader B oder D

Netz ③ gehört zu Quader A

Netz ④ gehört zu Quader B oder D

Seite 102 | Aufgabe 6

a) ① Quadernetz ② kein Quadernetz ③ Quadernetz ④ kein Quadernetz

b)

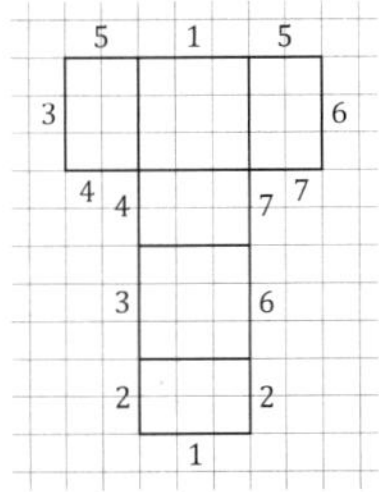

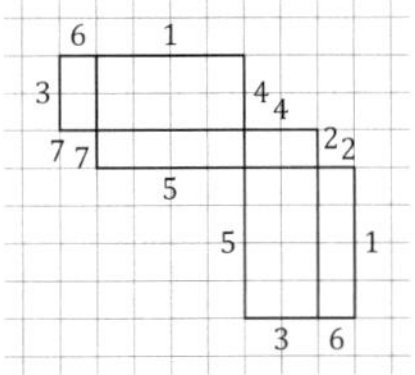

Seite 102 | Aufgabe 7

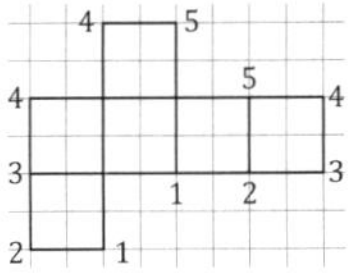

Seite 102 | Aufgabe 8

Beispiellösungen:

a)

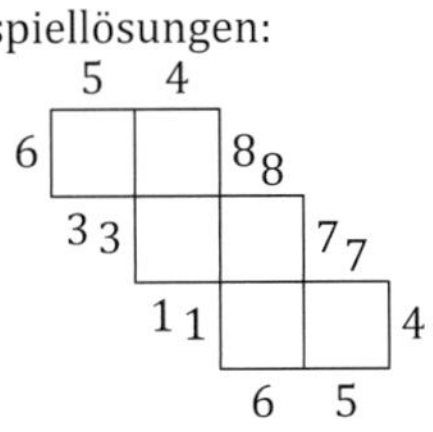

b)

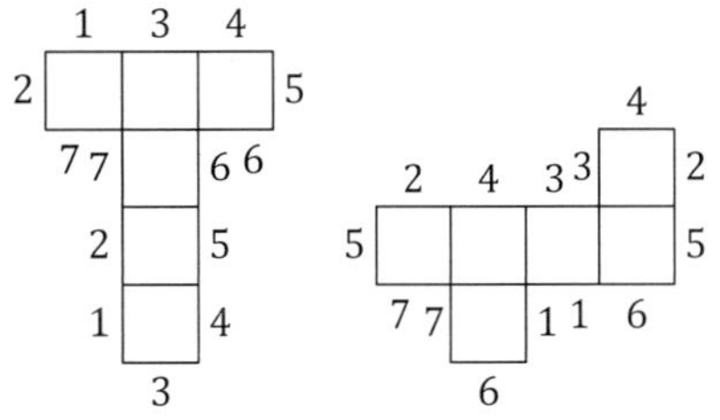

Seite 103 | Aufgabe 9

Fatimas Würfelnetz ist richtig, da daraus ohne Probleme ein Würfel gefaltet werden kann.

Pauls Würfelnetz ist falsch, da sich das rechte obere Quadrat mit dem unteren rechten überlappen und dann eine Fläche frei bleiben würde.

Oles Würfelnetz ist richtig, da daraus ohne Probleme ein Würfel gefaltet werden kann.

Tanjas Würfelnetz ist richtig, da daraus ohne Probleme ein Würfel gefaltet werden kann.

Marias Würfelnetz ist falsch, da das untere rechte Quadrat an zwei anderen festhält und so nicht umgeklappt werden könnte.

Seite 103 | Aufgabe 10

Wie man der Zeichnung entnehmen kann, passt das Netz problemlos auf den gegebenen Bogen.

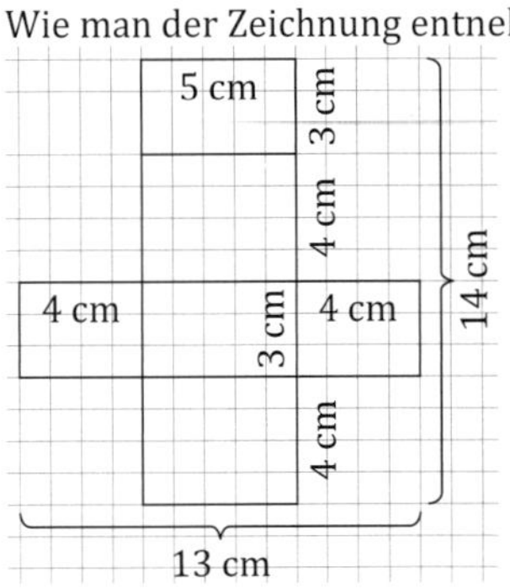

Seite 103 | Aufgabe 11

a) ① quadratische Pyramide ② dreiseitiges Prisma ③ sechsseitiges Prisma
④ Tetraeder ⑤ dreiseitiges Prisma ⑥ Zylinder ⑦ Kegel ⑧ Würfel

b)

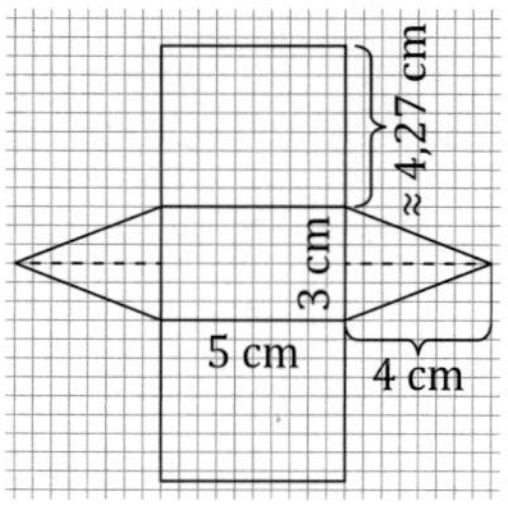

c)

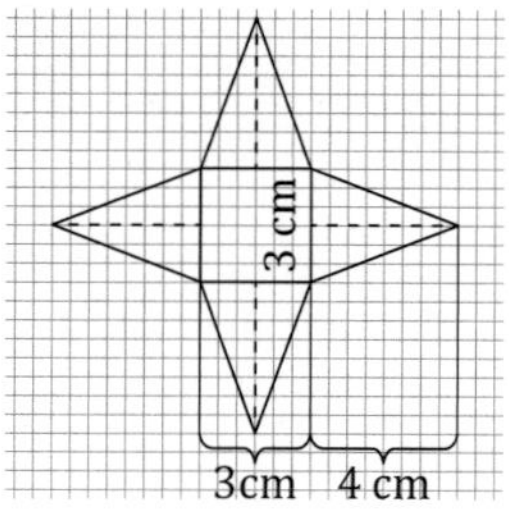

Seite 103 | Aufgabe 12

a)

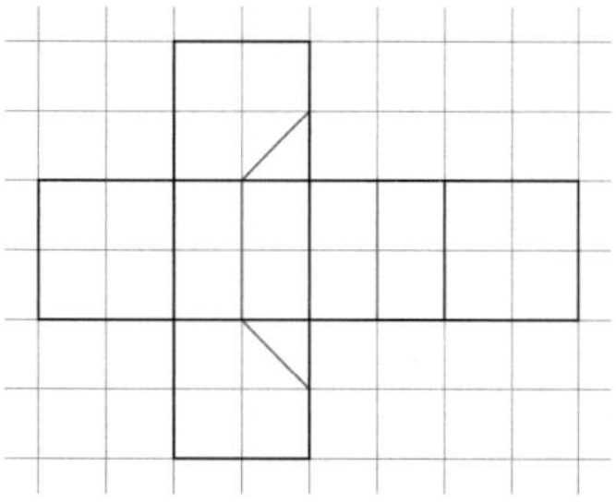

b)

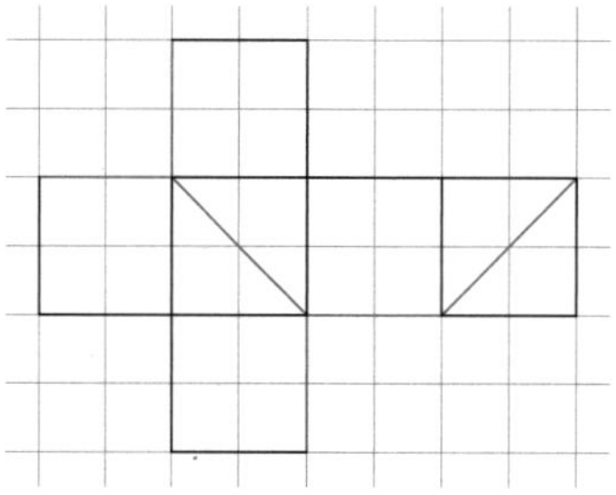

c)

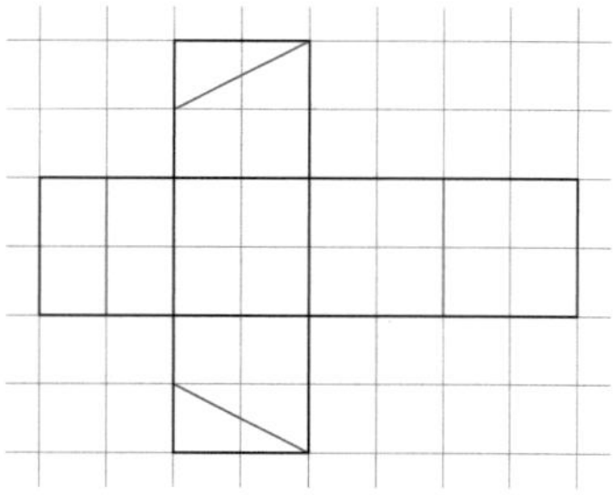

3.6 Schrägbild eines Körpers

Seite 104 | Einstieg

Zeichnung C stellt am ehesten einen Würfel dar, weil man hier den Eindruck bekommt, dass die Figur aus gleichen Flächen besteht. Zeichnung A vermittelt den Eindruck eines Quaders, dessen Seitenflächen größer als die vordere Fläche sind, in Zeichnung D sind die Kanten nicht parallel und Zeichnung B zeigt nur eine Fläche eines Körpers, man erkennt nicht, wie die anderen aussehen.

Seite 105 | Aufgabe 1

Das Ergebnis sollte möglichst nah an das Vorbild im Buch kommen.

Seite 105 | Aufgabe 2

a)

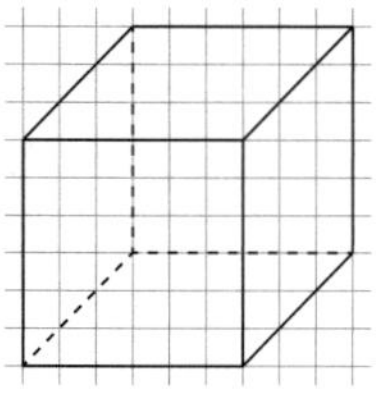

b)

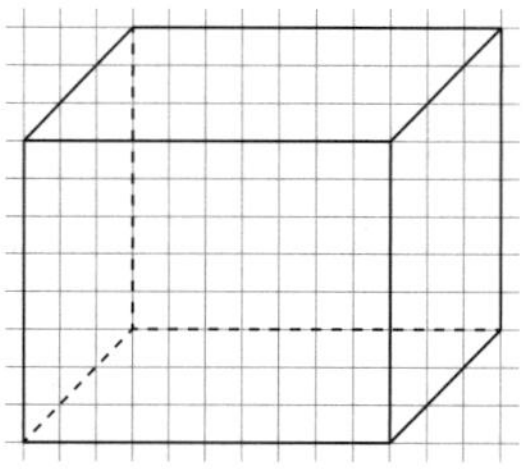

c) Beispiellösung:

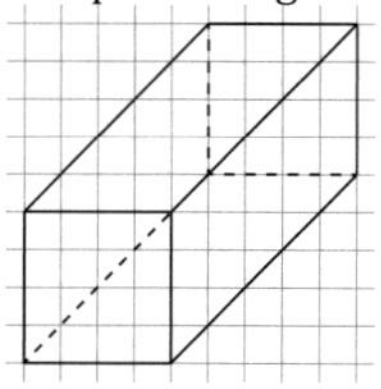

Seite 105 | Aufgabe 3

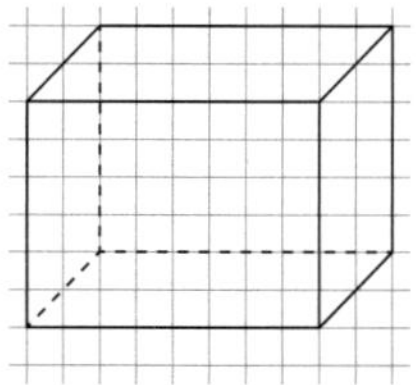

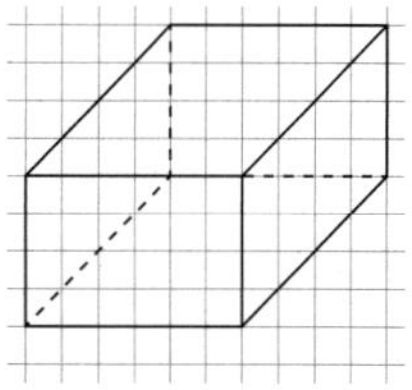

Seite 105 | Aufgabe 4

a) Breite: 1 cm, Länge: 3 cm, Höhe: 4 cm

b) Bis auf Vorder- und Rückseite werden alle rechteckigen Flächen als Parallelogramme gezeichnet.

c) Obwohl im Quader alle Kanten im rechten Winkel zueinander stehen, werden sie im Abbild teilweise als Winkel von 45° gezeichnet.

d) Die Winkel und Längen der Vorder- sowie der Rückseite bleiben gleich.

Seite 105 | Aufgabe 5

a) 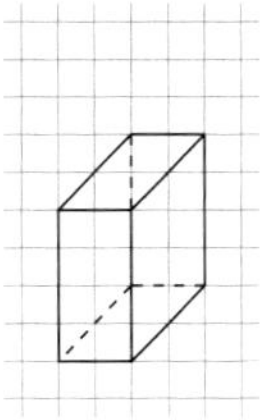

b) 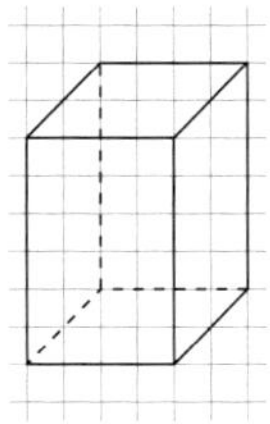

c) 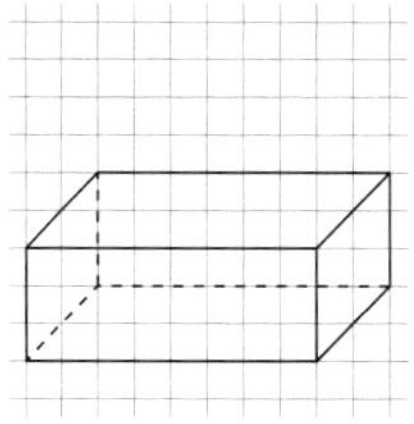

Die Maße der Kanten der dargestellten Quader sind:

a) 1 cm; 2 cm; 2 cm   b) 2 cm; 3 cm; 2 cm   c) 4 cm; 1,5 cm; 4 cm

Seite 106 | Aufgabe 6

Sören hat beim ersten Würfel vergessen, zwei der unsichtbaren Kanten zu zeichnen (die linke und die untere Kante der Rückseite), beim zweiten Würfel fehlen alle unsichtbaren Kanten. Außerdem wurden hier die Kanten in der Tiefe nicht verkürzt, sodass sie doppelt so lang sind wie sie sein müssten.

Seite 106 | Aufgabe 7

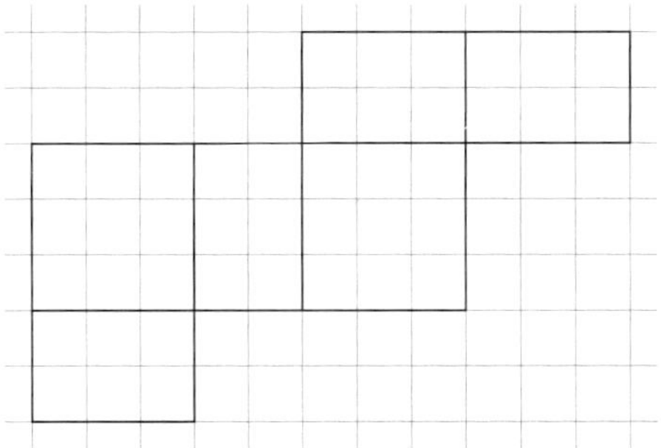

Beispiele:

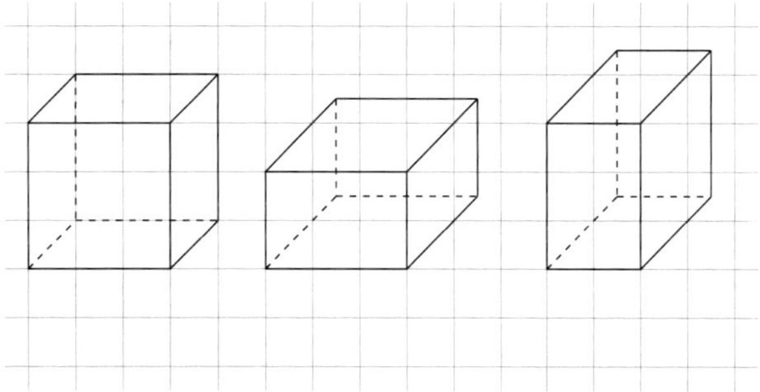

Seite 106 | Aufgabe 8

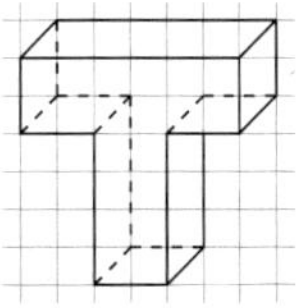

Seite 106 | Aufgabe 9

a) 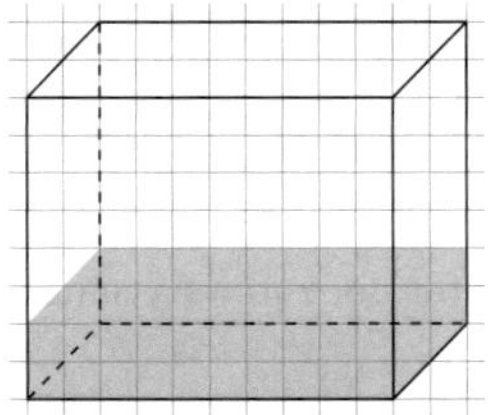

b) 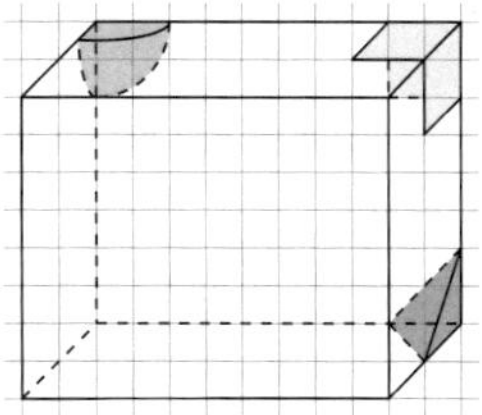

Seite 107 | Aufgabe 10

a) 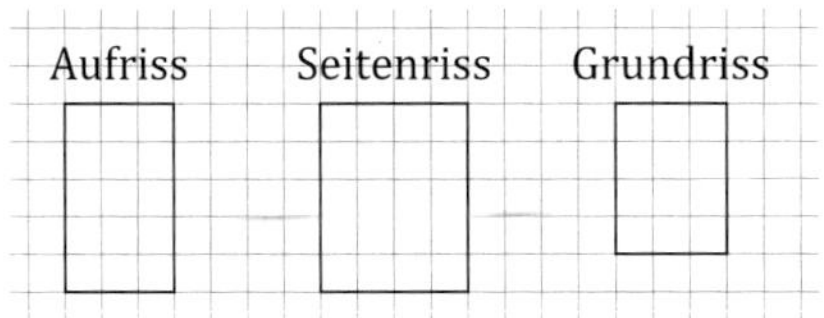

b) 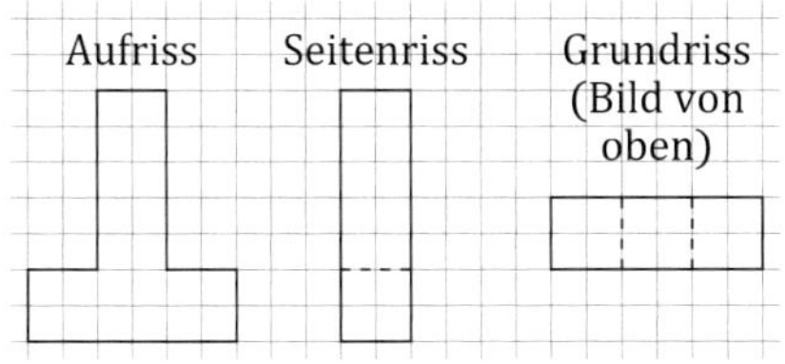

Seite 109 | Aufgabe 6

a)

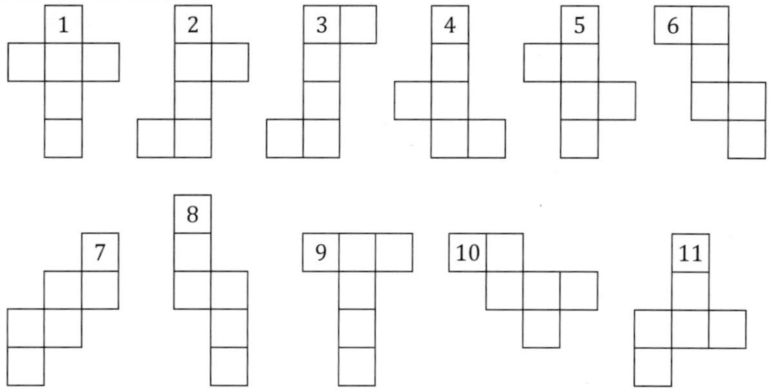

b) Die Netze 3, 6, 7 und 8 sind Kippnetze.

Seite 109 | Aufgabe 7

Seite 109 | Aufgabe 8

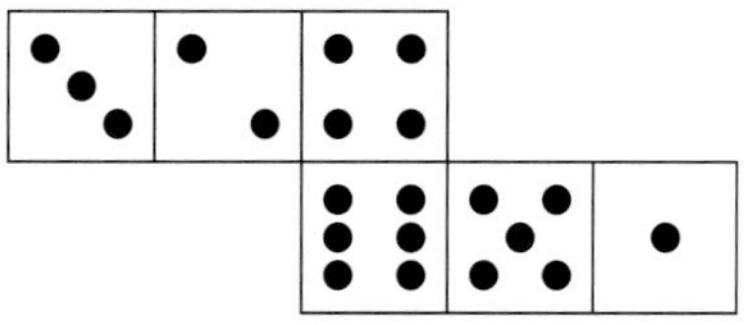

Seite 109 | Aufgabe 9

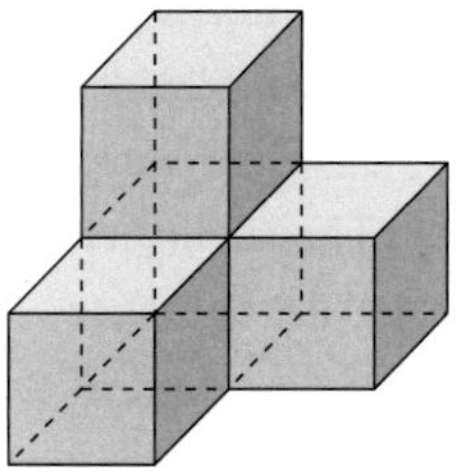

4. Flächeninhalt und Umfang

4.1 Flächen vergleichen

Seite 116 | Einstieg

Flächeninhalte: Garten A: 36 Kästchen, Garten B: 35 Kästchen, Garten C: 36 Kästchen, Garten D: etwa 25 Kästchen

Zaun: Garten A: 24 Kästchenlängen, Garten B: 24 Kästchenlängen, Garten C: etwa 26 Kästchenlängen, Garten D: etwa 21 Kästchenlängen

Garten A hat den größten Flächeninhalt und benötigt verhältnismäßig wenig Zaun. Garten C hat den gleichen Flächeninhalt, benötigt aber mehr Zaun. Garten D hat den kleinsten Flächeninhalt, aber benötigt auch wenig Zaun.

Seite 117 | Aufgabe 1

Figur ① besteht aus etwa 28 Kästchen, Figur ② aus etwa 42 Kästchen.

Figur ② hat also den größeren Flächeninhalt.

Seite 117 | Aufgabe 2

A: 5 Kästchen; B: 5 Kästchen; C: 6 Kästchen; D: 7 Kästchen; E: 4 Kästchen

Geordnet nach Flächeninhalt: $E < A = B < C < D$

Seite 118 | Aufgabe 3

a) 12 cm^2 b) 7 cm^2

Seite 118 | Aufgabe 4

a) Möglich sind z.B. die Seitenlängen 1 cm und 12 cm; 2 cm und 6 cm sowie 3 cm und 4 cm.

b) Möglich sind Rechtecke mit den Seitenlängen 1 cm und 5 cm oder 2 cm und 2,5 cm, oder ein Dreieck mit der Grundseite 5 cm und der Höhe 2 cm.

Seite 118 | Aufgabe 5

Das gegebene Quadrat hat den Flächeninhalt 1 cm^2, eine fünfmal so große Figur ist also 5 cm^2 groß, eine zehnmal so große 10 cm^2 und eine zwanzigmal so große 20 cm^2.

Seite 118 | Aufgabe 6

Norderney: ca. 20 Kästchen, also etwa 20 km^2

Juist: ca. 13 Kästchen, also etwa 13 km^2

Norderney ist größer.

Seite 118 | Aufgabe 7

A: 3 cm^2, B: 2 cm^2, C: 2 cm^2, D: 6 cm^2, E: 3 cm^2, F: 2 cm^2, G: 6 cm^2, H: 3 cm^2

Seite 119 | Aufgabe 8

Marek hat die Flächen nach ihren Höhen sortiert. Um nach Flächeninhalt zu sortieren, kann er die Kästchen zählen. Die rechte Figur in der Zeichnung ist 4 Kästchen groß und damit die kleinste, dann kommt die linke Figur mit 5 Kästchen und die größte Figur ist die mittlere mit 6 Kästchen Flächeninhalt.

Seite 119 | Aufgabe 9

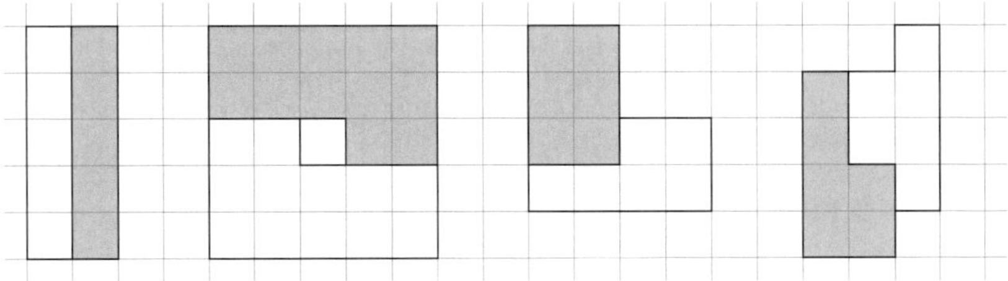

Seite 119 | Aufgabe 10

a) ① 4 cm^2; ② 4 cm^2; ③ 4 cm^2

b)

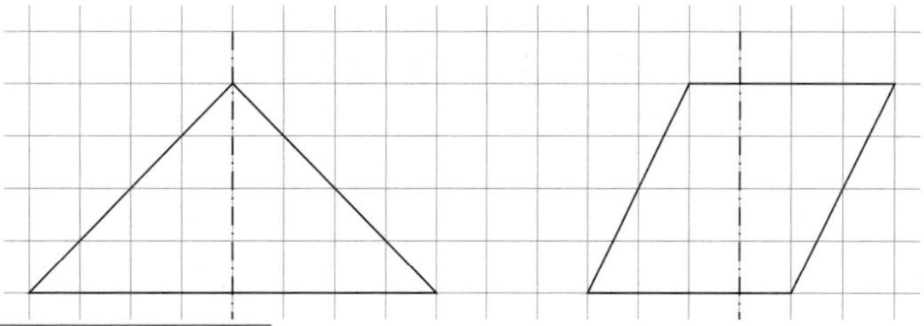

Seite 119 | Aufgabe 11

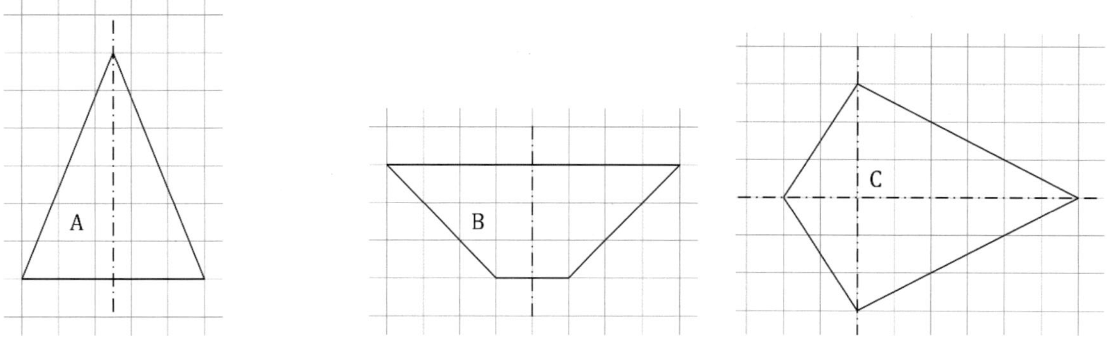

Flächeninhalt:

A: 15 Kästchen B: 15 Kästchen C: 24 Kästchen

Seite 119 | Aufgabe 12

Nur Rechtecke, deren Kästchenanzahl eine Quadratzahl ist, lassen sich zu Quadraten neu zusammensetzen. Außerdem darf die eine Seite nicht doppelt so lang oder mehr als doppelt so lang wie die andere Seite sein.

4.2 Flächeneinheiten

Seite 120 | Einstieg

In ein Quadrat der Kantenlänge 1 dm passen 10 Reihen zu 10 Quadraten mit dem Flächeninhalt 1 cm^2. Also passen $10 \cdot 10\ cm^2$ in das Quadrat, das sind insgesamt 100 cm^2.

Seite 120 | Aufgabe 1

Kästchen: 25 mm^2; Nagelkopf: 5 mm^2; Tür: 2 m^2; Fußballfeld: 1 ha; Deutschland: 357 000 km^2

Seite 120 | Aufgabe 2

Wohnzimmer: m^2 oder a; Europa: km^2; Tisch: m^2 oder dm^2; A4-Seite: dm^2 oder cm^2; Handballplatz: ha oder m^2

Seite 122 | Aufgabe 3

a)	$11\ cm^2 = 1100\ mm^2$	b)	$20\ m^2 = 2000\ dm^2$	c)	$10\ m^2 = 1000\ dm^2$
d)	$37\ dm^2 = 3700\ cm^2$	e)	$5\ km^2 = 500$ ha	f)	$32\ m^2 = 3200\ dm^2$
g)	$17\ cm^2 = 1700\ mm^2$	h)	$30\ km^2 = 3000$ ha	i)	6 ha = 100 a
f)	$7\ a = 700\ m^2$				

Seite 122 | Aufgabe 4

a)	$800\ mm^2 = 8\ cm^2$	b)	$1900\ dm^2 = 19\ m^2$	c)	$300\ cm^2 = 3\ dm^2$
d)	$1600\ dm^2 = 16\ m^2$	e)	$5000\ cm^2 = 50\ dm^2$	f)	$400\ ha = 4\ km^2$
g)	$700\ m^2 = 7$ a	h)	$5000\ ha = 50\ km^2$	i)	$10\,000\ mm^2 = 100\ cm^2$
j)	$45\,000\ m^2 = 450$ a				

Seite 122 | Aufgabe 5

a)	$600\ cm^2 = 6\ dm^2$	b)	$7\ m^2 = 700\ dm^2$	c)	900 ha = 9 a
d)	$32\ cm^2 = 3200\ mm^2$	e)	$99\,000\ m^2 = 990$ a	f)	80 ha = 8000 a
g)	$7000\ mm^2 = 70\ cm^2$	h)	$560\ m^2 = 56\,000\ dm^2$		

Seite 122 | Aufgabe 6

a) $3\ m^2 = 300\ dm^2 = 30\,000\ cm^2$

b) $80\ dm^2 = 8000\ cm^2 = 800\,000\ mm^2$

c) $23\ ha = 2300\ a = 230\,000\ m^2$

d) $90\,000\ m^2 = 900\ a = 9\ ha$

e) $4\,500\,000\ a = 45\,000\ ha = 450\ km^2$

f) $1\,000\,000\ mm^2 = 10\,000\ cm^2 = 100\ m^2$

Seite 122 | Aufgabe 7

①: $1\ cm^2 = 100\ mm^2$, ②: $2\ cm^2 = 200\ mm^2$, ③: $4\ cm^2 = 400\ mm^2$,
④: $3\ cm^2 = 300\ mm^2$, ⑤: $1\ cm^2 = 100\ mm^2$, ⑥: $1\ cm^2 = 100\ mm^2$

Seite 122 | Aufgabe 8

$5\ a = 500\ m^2 = 50\,000\ dm^2 = 5\,000\,000\ cm^2$; $50\ m^2 = 5000\ dm^2 = 500\,000\ cm^2$, $50\,000\ dm^2 = 5\,000\,000\ cm^2$
$50\ m^2 < 50\,000\,000\ dm^2 = 5\ a < 500\,000\,000\ cm^2$

Seite 122 | Aufgabe 9

$708\ dm^2 = 70\,800\ cm^2 = 7\,080\,000\ mm^2$
$780\ dm^2 = 78\,000\ cm^2 = 7\,800\,000\ mm^2$

Seite 122 | Aufgabe 10

a) $500\ mm^2$ b) $7\ m^2$ c) $6000\ ha$ d) $990\ dm^2$
e) $60\,000\ cm^2$ f) $12\ ha$ g) $500\,000\ mm^2$ h) $8\,000\,000\ m^2$
i) a) < g) < e) < b) < d) < f) < h) < c)

Seite 122 | Aufgabe 11

a) Die nächstgrößere Einheit ist dm^2: $300\ cm^2 = 3\ dm^2$.
b) Es muss mit 100 multipliziert werden: $1200\ dm^2 = 120\,000\ cm^2$.
c) Schrittweise umrechnen: $1\ km^2 = 100\ ha = 10\,000\ a = 1\,000\,000\ m^2$.

Seite 123 | Aufgabe 12

a) $10\ m^2 + 2\ a = 10\ m^2 + 200\ m^2 = 210\ m^2$
b) $40\ cm^2 + 8\ mm^2 = 4000\ mm^2 + 8\ mm^2 = 4008\ mm^2$
c) $26\ cm^2 + 65\ mm^2 + 3\ cm^2 = 2600\ mm^2 + 65\ mm^2 + 300\ mm^2 = 2965\ mm^2$
d) $20\ cm^2 + 4\ m^2 = 20\ cm^2 + 40\,000\ cm^2 = 40\,020\ cm^2$
e) $8\ m^2 + 6\ cm^2 + 10\ dm^2 = 80\,000\ cm^2 + 6\ cm^2 + 1000\ cm^2 = 81\,006\ cm^2$
f) $5\ km^2 + 45\ a + 170\ m^2 = 5\,000\,000\ m^2 + 4500\ m^2 + 170\ m^2 = 5\,004\,670\ m^2$

Seite 123 | Aufgabe 13

a)

26 cm^2			
9 cm^2	**17 cm^2**		
3 cm^2	**6 cm^2**	**11 cm^2**	
2 cm^2	100 mm^2	5 cm^2	600 mm^2

b)

8 km^2			
7 km^2	1 km^2		
620 ha	**80 ha**	20 ha	
556 ha	64 ha	16 ha	**4 ha**

Seite 123 | Aufgabe 14

a) $539\ km^2 = 53\,900\ ha$ b) $400\ cm = 4\ m$ c) $28\,000\ m = 28\ km$ d) $30\,000\ cm^2 = 3\ m^2$
e) $6700\ ha = 67\ km^2$ f) $3\ dm = 300\ mm$ g) $960\ a = 96\,000\ m^2$ h) $85\,000\ mm = 850\ dm$

Seite 123 | Aufgabe 15

a) Das sind $150\ dm^2$, also über $1\ m^2$ und damit zu groß für ein Butterbrot.
b) Das sind $200\ km^2$, kann stimmen.
c) Das sind $14{,}5\ m^2$, kann stimmen.
d) Das sind $2\ m^2$, kann stimmen
e) Individuelle Lösungen

Seite 123 | Aufgabe 16

Für jedes Haus mit Garten stehen $300\ m^2$ zur Verfügung.

Seite 123 | Aufgabe 17

Die gesamte Anlage ist 4 ha groß.

Seite 123 | Aufgabe 18

Der Platz für Gehege ist 1 ha = 10 000 m^2 groß. 5 Kängurus benötigen 300 m^2. Ein Löwe benötigt 150 m^2, ein Elefant 500 m^2. Eine mögliche Aufteilung der Gehege wäre:

Platz für 15 Kängurus 600 m^2, für 16 Löwen 2400 m^2 und für 14 Elefanten 7000 m^2. Damit könnte man insgesamt 45 Tiere unterbringen.

Seite 123 | Aufgabe 19

1 m^2			
1 dm^2	**99 dm^2**		
1 cm^2	**99 cm^2**	**9801 cm^2**	
1 mm^2	**99 mm^2**	**9801 mm^2**	**970 299 mm^2**

4.3 Flächeninhalt eines Rechtecks

Seite 124 | Einstieg

Farbe des Rechtecks	Seitenlänge a	Seitenlänge b	Flächeninhalt
rot	3 cm	3 cm	9 cm^2
rosa	4 cm	5 cm	20 cm^2
blau	1 cm	5 cm	5 cm^2
grün	3 cm	4 cm	12 cm^2
orange	5 cm	2 cm	10 cm^2

Seite 125 | Aufgabe 1

a) 35 cm^2
b) 377 m^2
c) 18 km^2
d) 600 m^2
e) 225 m^2
f) 4000 km^2

Seite 125 | Aufgabe 2

Rechteck	Seitenlänge a	Seitenlänge b	Flächeninhalt
A	2 cm	1 cm	2 cm^2
B	4 cm	1 cm	4 cm^2
C	6,5 cm	3 cm	19,5 cm^2
D	1 cm	3 cm	3 cm^2
E	3 cm	3 cm	9 cm^2
F	3 cm	1 cm	3 cm^2

Seite 125 | Aufgabe 3

a) $A = 50\text{ mm} \cdot 8\text{ mm} = 400\text{ mm}^2$
b) $A = 120\text{ cm} \cdot 200\text{ cm} = 24\,000\text{ cm}^2 = 2{,}4\text{ m}^2$
c) $A = 6\text{ km} \cdot 0{,}5\text{ km} = 3\text{ km}^2$
d) $A = 3\text{ dm} \cdot 5\text{ dm} = 15\text{ dm}^2$
e) $A = 70\text{ dm} \cdot 11\text{ dm} = 770\text{ dm}^2$
f) $A = 100\text{ cm} \cdot 1\text{ cm} = 100\text{ cm}^2$

Seite 125 | Aufgabe 4

a) Das Zimmer hat einen Grundflächeninhalt von $6\text{ m} \cdot 12\text{ m} = 72\text{ m}^2$.
b) Das Schwimmbecken hat einen Grundflächeninhalt von $110\text{ m} \cdot 30\text{ m} = 3300\text{ m}^2$.

Seite 125 | Aufgabe 5

Der Flächeninhalt beträgt $A = 3\text{ cm} \cdot 3\text{ cm} = 3^2\text{ cm}^2 = 9\text{ cm}^2$

Seite 125 | Aufgabe 6

a) 16 cm^2
b) 49 cm^2
c) 100 km^2
d) 400 dm^2
e) 296 m^2

Seite 125 | Aufgabe 7

a) b = 9 cm b) b = 4 mm c) b = 7 m

Seite 126 | Aufgabe 8

a) b = 7 cm b) b = 8 cm c) b = 4 cm d) b = 5 cm

Seite 126 | Aufgabe 9

a) 22 cm b) 130 cm c) 50 cm d) 6000 cm e) 100 000 cm = 1 km

Seite 126 | Aufgabe 10

a) 6 cm b) 9 km c) 20 mm d) 15 dm e) 12 cm

Seite 126 | Aufgabe 11

a) z.B. 1 cm und 6 cm; 2 cm und 18 cm; 4 cm und 9 cm; 6 cm und 6 cm
b) 1 cm und 48 cm; 2 cm und 24 cm; 3 cm und 16 cm; 4 cm und 12 cm; 6 cm und 8 cm

Seite 126 | Aufgabe 12

	a)	b)	c)	d)	e)	f)	g)
Länge a	12 m	6 km	80 cm	**80 cm**	**8 km**	**4 km**	**2 km**
Breite b	6 m	**8 km**	2 m	5 cm	**8 km**	**16 km**	**32 km**
Flächeninhalt A	**72 m²**	48 km²	**160 dm²**	4 dm²	64 km²	64 km²	64 km²

Seite 126 | Aufgabe 13

a) $6\text{ cm} \cdot 12\text{ cm} = 72\text{ cm}^2$
b) $12\text{ cm} \cdot 12\text{ cm} = 144\text{ cm}^2$
c) $72\text{ cm}^2 : 8\text{ cm} = 9\text{ cm}$
d) Flächeninhalt des Rechtecks: $15\text{ cm} \cdot 1\text{ m} = 15\text{ cm} \cdot 100\text{ cm} = 1500\text{ cm}^2$
Flächeninhalt des Quadrats: $1\text{ cm} \cdot 1\text{ cm} = 1\text{ cm}^2$
Das Quadrat passt 1500-mal in das Rechteck.

Seite 126 | Aufgabe 14

a) Jana hat nicht die richtige Einheit für die Fläche verwendet: $A = 40\text{ cm}^2$
b) Jana muss in gleiche Einheiten umrechnen: $A = 150\text{ cm} \cdot 300\text{ cm} = 45\,000\text{ cm}^2 = 450\text{ dm}^2$
c) Bei der Rechnung sollten die Einheiten mit aufgenommen werden: $18\text{ cm}^2 : 6\text{ cm} = 3\text{ cm}$

Seite 127 | Aufgabe 15

Größtmöglicher Flächeninhalt: $10\,800\text{ m}^2$, kleinstmöglicher Flächeninhalt: 4050 m^2.

Seite 127 | Aufgabe 16

Ein Flächeninhalt von 100 m^2 ergibt sich z.B. bei den Seitenlängen 10 m und 10 m, 5 m und 20 m; 4 m und 25 m oder 2 m und 50 m. Am schönsten wird der Garten vermutlich, wenn er nicht allzu „langgezogen" ist, sich die Seitenlängen also nicht allzu sehr unterscheiden.

Seite 127 | Aufgabe 17

a) Länge: 260 mm, Breite: 188 mm, Flächeninhalt einer Seite: $48\,880\text{ mm}^2$
b) $240 \cdot 48\,880\text{ mm}^2 = 11\,731\,200\text{ mm}^2 \approx 12\text{ m}^2$

Seite 127 | Aufgabe 18

a) Das Rechteck hat den Flächeninhalt $6\text{ cm} \cdot 12\text{ cm} = 72\text{ cm}^2$; das zweite Rechteck hat also die Breite $72\text{ cm}^2 : 8\text{ cm} = 9\text{ cm}$.
b) Das Quadrat hat den Flächeninhalt $12\text{ cm} \cdot 12\text{ cm} = 144\text{ cm}^2$; das Rechteck hat also die Breite $144\text{ cm}^2 : 9\text{ cm} = 16\text{ cm}$.
c) Das Rechteck hat den Flächeninhalt $9\text{ m} \cdot 4\text{ m} = 36\text{ m}^2$; das Quadrat hat also die Seitenlänge 6 cm, denn es ist $6\text{ cm} \cdot 6\text{ cm} = 36\text{ cm}^2$.

Seite 127 | Aufgabe 19

a) $A = 4\text{ cm} \cdot 6\text{ cm} = 24\text{ cm}^2$
b) $A = 12\text{ cm} \cdot 8\text{ cm} = 96\text{ cm}^2$
c) $A = 3\text{ cm} \cdot 2\text{ cm} = 6\text{ cm}^2$
d) $A = 12\text{ cm} \cdot 2\text{ cm} = 24\text{ cm}^2$

Seite 127 | Aufgabe 20

a) Die Aussage ist richtig. Beispiel: $3\ m \cdot 5\ m = 15\ m^2$ und $6\ m \cdot 5\ m = 30\ m^2$, $2 \cdot 15\ m^2 = 30\ m^2$

b) Die Aussage ist richtig. Beispiel: $3\ m \cdot 5\ m = 15\ m^2$ und $6\ m \cdot 10\ m = 60\ m^2$, $4 \cdot 15\ m^2 = 60\ m^2$

c) Die Aussage ist falsch.
Gegenbeispiel: $6\ m \cdot 10\ m = 60\ m^2$ und $3\ m \cdot 5\ m = 15\ m^2$, aber $60\ m^2 : 2 = 30\ m^2$

4.4 Flächeninhalt von zusammengesetzten Figuren

Seite 128 | Einstieg

Die Figur entspricht einem Rechteck mit einem rechteckigen Loch. Man kann den Flächeninhalt am einfachsten berechnen, indem man den Flächeninhalt des kleinen (herausgeschnittenen) Rechtecks von dem des großen Rechtecks abzieht.

Seite 129 | Aufgabe 1

A: $A = 1{,}5\ cm^2 + 7{,}5\ cm^2 = 9\ cm^2$

B: $A = 6\ cm^2 + 1\ cm^2 + 2{,}25\ cm^2 = 9{,}25\ cm^2$

C: $A = 1\ cm^2 + 1\ cm^2 + 1\ cm^2 + 2{,}25\ cm^2 = 5{,}25\ cm^2$

Seite 129 | Aufgabe 2

a) $A = 40\ cm \cdot 30\ cm - 20\ cm \cdot 10\ cm = 1200\ cm^2 - 200\ cm^2 = 1000\ cm^2 = 10\ dm^2$

b) $A = 30\ cm \cdot 25\ cm - 10\ cm \cdot 15\ cm = 750\ cm^2 - 150\ cm^2 = 600\ cm^2 = 6\ dm^2$

c) $A = 40\ cm \cdot 20\ cm - 4 \cdot 5\ cm \cdot 5\ cm = 800\ cm^2 - 100\ cm^2 = 700\ cm^2 = 7\ dm^2$

Seite 129 | Aufgabe 3

a) $A = 75\ m \cdot 15\ m + 45\ m \cdot 15\ m + 15\ m \cdot 15\ m = 1125\ m^2 + 675\ m^2 + 225\ m^2 = 2025\ m^2$

b) $A = 2 \cdot (5\ m \cdot 5\ m - 2 \cdot 2\ m \cdot 2\ m) = 2 \cdot (25\ m^2 - 8\ m^2) = 2 \cdot 17\ m^2 = 34\ m^2$

Seite 129 | Aufgabe 4

Die längere Seite des 2. Rechtecks ist 15 cm – 5 cm = 10 cm lang, sein Flächeninhalt beträgt $10\ cm \cdot 4\ cm = 40\ cm^2$; insgesamt hat die Figur den Flächeninhalt $30\ cm^2 + 40\ cm^2 = 70\ cm^2$.

Seite 129 | Aufgabe 5

a) Schlafzimmer: $20\ cm^2$; Bad: $15\ cm^2$; Küche: $25\ cm^2$; Flur: $14\ cm^2$; Kinderzimmer: $20\ cm^2$; Wohnzimmer: $35\ m^2$; gesamte Wohnung: $129\ m^2$; die beiden Balkone sind $5\ m^2$ und $10\ m^2$ groß.

b) Individuelle Lösungen

4.5 Umfang

Seite 130 | Einstieg

30 m + 50 m + 80 m + 30m + 110 m = 300 m

Herr Reichelt benötigt 300 m Draht für seinen Zaun.

110 m + 75 m + 110 m + 75 m = 370 m

Frau Fröhlich benötigt 370 m für ihren Zaun.

Seite 130 | Aufgabe 1

a) $u = 2 \cdot 5\ cm + 2 \cdot 7\ cm$
$= 10\ cm + 14\ cm$
$= 24\ cm$

b) $u = 2 \cdot 13\ m + 2 \cdot 29\ m$
$= 26\ m + 58\ m$
$= 84\ m$

c) $u = 2 \cdot 3\ km + 2 \cdot 6\ km$
$= 6\ km + 12\ km$
$= 20\ km$

d) $u = 2 \cdot 1\ mm + 2 \cdot 6\ mm$
$= 2\ mm + 12\ mm$
$= 14\ mm$

e) $u = 2 \cdot 2{,}5\ cm + 2 \cdot 2\ cm$
$= 5\ cm + 4\ cm$
$= 9\ cm$

f) $u = 2 \cdot 1{,}25\ m + 2 \cdot 4\ m$
$= 2{,}5\ m + 8\ m$
$= 10{,}5\ m$

Seite 130 | Aufgabe 2

Mögliche Seitenlängen: 2 cm und 4 cm; 1,5 cm und 4,5 cm; 2,5 cm und 3,5 cm.

Seite 131 | Aufgabe 3

a) a = 3 cm: u = 12 cm; a = 5 cm: u = 20 cm. Bei einem Quadrat gilt u = 4a.

b) a = 4 cm: u = 16 cm; a = 9 m: u = 36 m; a = 1,5 cm; u = 6 cm.

Seite 131 | Aufgabe 4

a) $u = 10\text{ cm} + 5\text{ cm} + 4\text{ cm} + 5\text{ cm} = 24\text{ cm}$

b) $u = 5 \cdot 4\text{ cm} = 20\text{ cm}$

c) $u = 4\text{ cm} + 3\text{ cm} + (4\text{ cm} - 2\text{ cm}) + (10\text{ cm} - 3\text{ cm}) + 2\text{ cm} + 10\text{ cm} = 28\text{ cm}$

Seite 131 | Aufgabe 5

a) $b = (10\text{ cm} - 2 \cdot 3\text{ cm}) : 2$
$= 4\text{ cm} : 2$
$= 2\text{ cm}$

b) $b = (36\text{ m} - 2 \cdot 12\text{ cm}) : 2$
$= 12\text{ m} : 2$
$= 6\text{ m}$

c) $b = (84\text{ mm} - 2 \cdot 25\text{ mm}) : 2$
$= 34\text{ mm} : 2$
$= 17\text{ mm}$

d) $b = (110\text{ km} - 2 \cdot 32\text{ km}) : 2$
$= 46\text{ km} : 2$
$= 23\text{ km}$

Seite 131 | Aufgabe 6

Richtig sind die Lösungen von Paul ($b = 90$ dm) und Maja ($b = 9$ m), denn es gilt 90 dm = 9 m und $(9\text{ m} + 8\text{ m}) \cdot 2 = 34\text{ m}$.

Seite 131 | Aufgabe 7

$u = 2 \cdot 4\text{ cm} + 2 \cdot 2\text{ cm} = 12\text{ cm}$.

Seite 131 | Aufgabe 8

	a)	b)	c)	d)	e)	f)	g)
a	7 cm	6 m	**5 cm**	7 m	**2 cm**	25 cm	10 cm
b	9 cm	**4 m**	5 cm	**3 m**	8 cm	**25 cm**	**40 cm**
u	**32 cm**	20 m	20 cm	20 m	20 cm	1 m	1 m

Seite 132 | Aufgabe 9

a) Sarah hat vergessen, die Klammer zu setzen: $u = (4\text{ cm} + 5\text{ cm}) \cdot 2 = 18\text{ cm}$.

b) Ein Quadrat hat vier Seiten, es gilt also: $4 \cdot 6\text{ cm} = 24\text{ cm}$.

c) Maike muss noch die Klammer setzen, die Seite verdoppeln und die Differenz durch 2 dividieren:
$b = (20\text{ cm} - 2 \cdot 8\text{ cm}) : 2 = 4\text{ cm} : 2 = 2\text{ cm}$

Seite 132 | Aufgabe 10

Die Figuren haben die folgenden Umfänge in Kästchenlängen:

① 16 ② 16 ③ 18 ④ 16

a) Den größten Umfang hat Figur ③ mit 18 Kästchenlängen.

b) Den gleichen Umfang haben die Figuren ①, ② und ④.

Seite 132 | Aufgabe 11

Umfang des Quadrates: $u = 4 \cdot 5\text{ cm} = 20\text{ cm}$; zweite Seitenlänge des Rechtecks:
$b = (20 - 2 \cdot 2\text{ cm}) : 2 = 8\text{ cm}$.

Seite 132 | Aufgabe 12

a) $u = (16\text{ cm} + 9\text{ cm}) \cdot 2 = 50\text{ cm}$, $A = 16\text{ cm} \cdot 9\text{ cm} = 144\text{ cm}^2$

b) $u = 4 \cdot 12\text{ cm} = 48\text{ cm}$, $A = 12\text{ cm} \cdot 12\text{ cm} = 144\text{ cm}^2$

Seite 132 | Aufgabe 13

a) Zweite Seite: $b = (32 - 2 \cdot 7\text{ cm}) : 2 = 9\text{ cm}$; $A = 7\text{ cm} \cdot 9\text{ cm} = 63\text{ cm}^2$

b) Zweite Seite: $b = 110\text{ cm}^2 : 10\text{ cm} = 11\text{ cm}$; $u = 2 \cdot (10\text{ cm} + 11\text{ cm}) = 42\text{ cm}$

c) Seitenlänge: $a = 44\text{ cm} : 4 = 11\text{ cm}$; $A = 11\text{ cm} \cdot 11\text{ cm} = 121\text{ cm}^2$

Seite 132 | Aufgabe 14

Für den Auslauf werden $2\text{ m} + 2\text{ m} + 3\text{ m} = 7\text{ m}$ Zaun benötigt.

Seite 132 | Aufgabe 15

Bei gleichem Umfang ist das Rechteck mit dem größten Flächeninhalt ein Quadrat. Dieses hat hier dann eine Seitenlänge von $400\text{ m} : 4 = 100\text{ m}$ und einen Flächeninhalt von 1 ha.

Seite 132 | Aufgabe 16

a) Die Aussage ist richtig. Wird jeder Summand verdoppelt, so verdoppelt sich auch die Summe.

b) Die Aussage ist so allgemein falsch, dies muss nicht gelten. Gegenbeispiel:
Rechteck 1 hat den Umfang $(4\text{ cm} + 2\text{ cm}) \cdot 2 = 12\text{ cm}$
Rechteck 2 hat den Umfang $(5\text{ cm} + 7\text{ cm}) \cdot 2 = 24\text{ cm}$
Der Umfang hat sich verdoppelt, ohne dass sich die beiden Seitenlängen verdoppelt haben.

Seite 132 | Aufgabe 17

Umfang auf dem Bild: $u = 1{,}5\text{ cm} + 3{,}5\text{ cm} + 3\text{ cm} + 5{,}5\text{ cm} = 13{,}5\text{ cm}$.
Mit dem Maßstab 1 : 10 000 steht dies für 135 000 cm = 1350 m.
Es müssen 1350 m Hecke gepflanzt werden.

Streifzug: Modellieren

Seite 133 | Einstieg

Die Wasserfläche des Bodensees ist auf dem Bild etwa 6 cm^2 groß, dies entspricht 600 km^2. (Die Größe des Bodensees beträgt in Wirklichkeit 536 km^2.)

Seite 134 | Aufgabe 1

Individuelle Lösungen. Die Wasserfläche des Steinhuder Meeres beträgt offiziell 29,1 km^2.

Seite 134 | Aufgabe 2

Individuelle Lösungen

Seite 134 | Aufgabe 3

Individuelle Lösungen

Seite 134 | Aufgabe 4

Individuelle Lösungen

Seite 134 | Aufgabe 5

a) Flächeninhalt einer 2-€-Münze: 521 mm^2

b) Umfang einer 2-€-Münze: 81 mm. Man kann z.B. einen Faden um die Münze legen.

Seite 134 | Aufgabe 6

Individuelle Lösungen

4.6 Vermischte Aufgaben

Seite 135 | Aufgabe 1

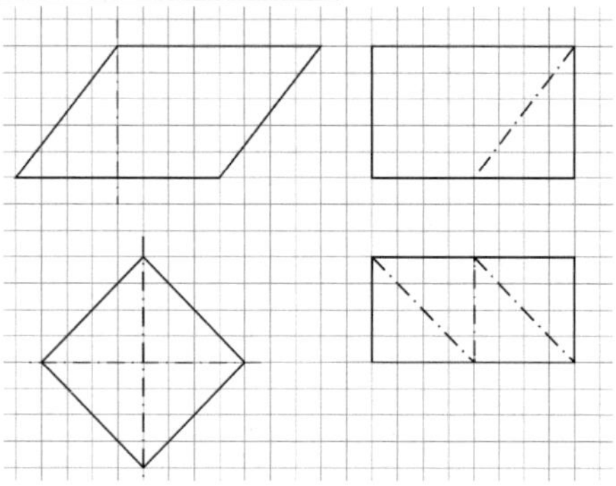

Seite 135 | Aufgabe 2

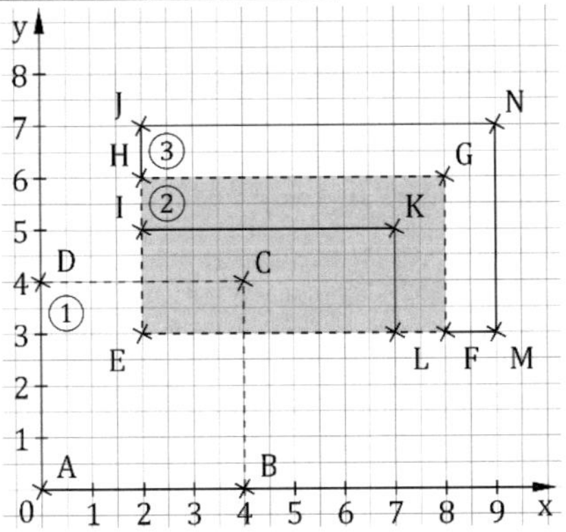

(1) $A = 4\text{ km} \cdot 4\text{ km} = 16\text{ km}^2$; $u = 4 \cdot 4\text{ km} = 16\text{ km}$

(2) $A = 5\text{ km} \cdot 3\text{ km} = 15\text{ km}^2$; $u = 2 \cdot 5\text{ km} + 2 \cdot 3\text{ km} = 16\text{ km}$

(3) $A = 7\text{ km} \cdot 2\text{ km} + 2\text{ km} \cdot 2\text{ km} = 18\text{ km}^2$; $u = 7\text{ km} + 4\text{ km} + 2\text{ km} + 2\text{ km} + 5\text{ km} + 2\text{ km} = 22\text{ km}$

Figur (3) hat den größten Flächeninhhalt und den größten Umfang.

Figuren (1) und (2) haben den gleichen Umfang, beim Flächeninhalt gilt (3) > (1) > (2)

Seite 135 | Aufgabe 3

a) Es gibt fünf verschiedene solcher Figuren (Spiegelungen unberücksichtigt). Sie werden Quadrominos oder Tetrominos genannt.

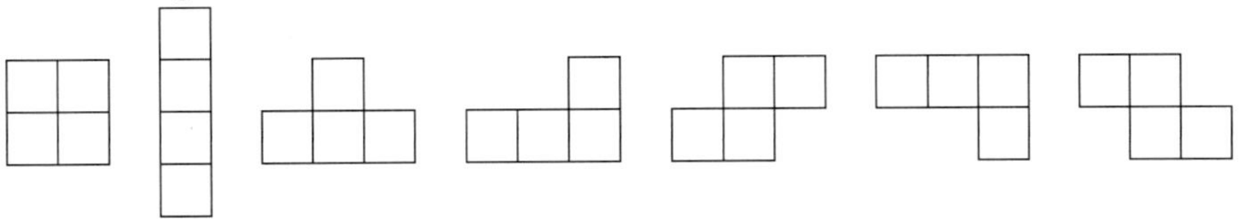

Die erste Figur hat den Umfang $u = 8$ cm, die übrigen haben den Umfang $u = 10$ cm

b) Nur die ersten beiden Figuren müssen nicht ausgeschnitten werden

c) Beispiele:

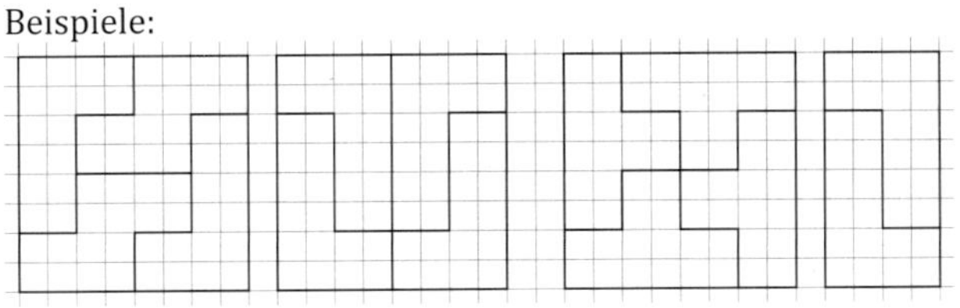

Kleinstmögliches Quadrat: $A = 16\text{ cm}^2$; $u = 16$ cm

Kleinstmögliches Rechteck: $A = 8\text{ cm}^2$; $u = 12$ cm

d)

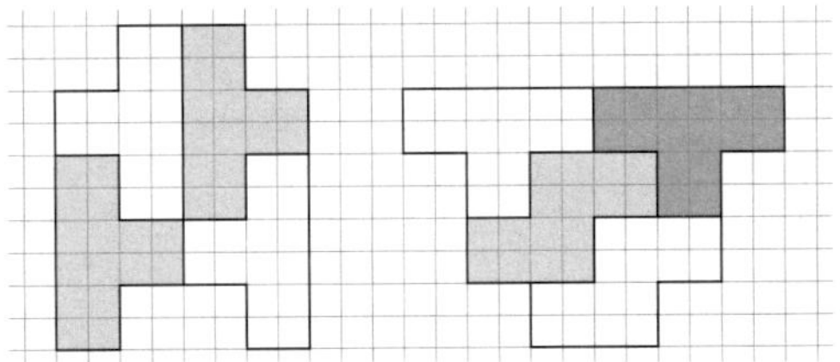

Seite 135 | Aufgabe 4

Wandfläche: $3\text{ m} \cdot 8\text{ m} - 1\text{ m} \cdot 2\text{ m} - 2\text{ m} \cdot 1\text{ m} = 20\text{ m}^2$

4 Dosen Farbe reichen für genau 20 m^2, Herr Maler muss also mindestens 4 Dosen kaufen.

Seite 135 | Aufgabe 5

Familie Blum benötigt $4 \cdot 36\text{ m} - 3\text{ m} = 141\text{ m}$ Maschendraht. Sie sollte 3 Rollen mit je 15 m und 4 Rollen mit je 25 m für insgesamt 195 Euro oder 6 Rollen mit je 25 m für insgesamt 198 Euro kaufen. Das ist günstiger, als etwa 10 Rollen mit je 15 m für insgesamt 210 Euro zu kaufen.

Seite 135 | Aufgabe 6

a) $486\ m^2 : 27\ m = 18\ m$. Die Grundstücksseite an der Straße ist 18 m lang.

b) $u = (27\ m + 18\ m) \cdot 2 = 90\ m$. Der Umfang des Grundstücks beträgt 90 m.

c) $486 \cdot 280 = 136\,080$. Die Familie musste 136 080 € für das Grundstück bezahlen.

d) $27 : 3 = 9$; $18 : 3 = 6$. Auf den langen Seiten stehen also 8, auf den kurzen Seiten 5 Pfosten, dazu kommen 4 Pfosten an den Ecken. Insgesamt benötigt Herr Hurzel also
$2 \cdot 8 + 2 \cdot 5 + 4 = 30$ Zaunpfosten.

Seite 135 | Aufgabe 7

Blaue Blüte:	Flächeninhalt Einzel-Tennisspielfeld: $A = 8{,}23\ m \cdot 11{,}89\ m \cdot 2 = 195{,}7094\ m^2$
	Flächeninhalt Doppel-Tennisspielfeld: $A = 10{,}97\ m \cdot 11{,}89\ m \cdot 2 = 260{,}8666\ m^2$
Rote Blüte:	Anzahl der Markierungsmeter für ein Spielfeld:
	$11{,}89 \cdot 8 + 6{,}40 \cdot 2 + 10{,}97 \cdot 3 + 8{,}23 \cdot 2 = 157{,}29$
	Anzahl der Markierungsmeter für 7 Plätze: $7 \cdot 157{,}29 = 1101{,}03$
	Benötigte Anzahl Dosen: $1101{,}03 : 180 \approx 6{,}1$
	Es werden 6,1 Dosen „Strahlweiß“ benötigt. Der Verein muss 7 Dosen kaufen.
Gelbe Blüte:	Das ist nicht möglich.
Grüne Blüte:	Auf Fußballfeldern sind 25 000 Grashalme pro m^2 üblich. Nimmt man dies auch für den Tennisplatz an, wären es insgesamt rund $25\,000 \cdot 260 = 6\,500\,000$ Grashalme.

Seite 136 | Aufgabe 8

Individuelle Lösungen

Seite 137 | Aufgabe 9

a) Falsch. Gegenbeispiel: Ein Rechteck mit $u = 12$ cm kann die Seitenlängen $a = 4$ cm und $b = 2$ cm haben, aber auch $a = 1$ cm und $b = 5$ cm.

b) Falsch. Der Umfang kann in jeder Längeneinheit angegeben werden.

c) Richtig. Je nach Größe des Umfangs ist die Angabe in m nicht immer sinnvoll, aber immer möglich. Jede Längeneinheit lässt sich in Meter umrechnen.

d) Richtig. Zum Umfang des Rechtecks kommen dann noch die Seitenlängen entlang der Schnittlinie hinzu.

e) Richtig. Es gilt $(a \cdot 2) \cdot (b : 2) = a \cdot 2 \cdot b : 2 = a \cdot b \cdot 2 : 2 = a \cdot b \cdot 1 = a \cdot b$.

f) Falsch. Gegenbeispiel: Ein Rechteck mit $a = 2$ cm und $b = 6$ cm hat einen Umfang von 16 cm, während ein Rechteck mit $a = 1$ cm und $b = 12$ cm einen Umfang von 26 cm hat.

Seite 137 | Aufgabe 10

a) Der Flächeninhalt von Wyoming beträgt $450\ km \cdot 580\ km = 261\,000\ km^2$.

b) Die rote Fläche (Wyoming) passt etwa 30-mal auf die Karte der USA. Insgesamt haben die USA damit eine Fläche von etwa $30 \cdot 261\,000\ km^2 + 28\,000\ km^2 + 1\,700\,000\ km^2 = 9\,558\,000\ km^2$.

c) Die beiden Werte stimmen in etwa überein: $312\,000\,000 : 32 = 9\,750\,000$

d) Die Bevölkerungsdichte von Niedersachsen beträgt 164 Einwohner pro km^2. Theoretisch stehen also jedem Niedersachsen und jeder Niedersächsin etwa 6098 m^2 zur Verfügung.

Seite 137 | Aufgabe 11

a) Der Auslauf hat eine Größe von 24,75 m^2, pro Huhn steht also eine Fläche von 0,20625 m^2 zur Verfügung.
70 Hühner pro 10 m^2 bedeutet 0,14 m^2 Fläche pro Tier, die Hühner bei Bäuerin Kluge haben also sogar etwas mehr Platz.

b) Sie benötigt 20 m Zaun.

c) $20\ m : 4 = 5\ m$: Eine Quadratseite wäre 5 m lang, der Auslauf hätte eine Fläche von 25 m^2.

d) 15,5 m Zaun.

5. Volumen und Oberflächeninhalt

5.1 Volumen vergleichen

Seite 144 | Einstieg

Alle Kartons sind Quader. Inhalt und Materialverbrauch nehmen von XS bis XL zu, der Inhalt aber weniger stark als der Materialverbrauch.

Seite 144 | Aufgabe 1

Körper a) besteht aus 2 blauen Prismen, b) aus 5 Prismen, c) aus 4 Prismen, d) aus 4 Prismen, e) aus 6 Prismen. Bezüglich der Größe gilt also a) < c) = d) < b) < e).

Seite 144 | Aufgabe 2

Die Körper a), b) und c) haben das gleiche Volumen, d) ist doppelt so groß.

Seite 145 | Aufgabe 3

c) (6 Würfel) < d) (7 Würfel) < a) (8 Würfel) < b) (9 Würfel)

Seite 145 | Aufgabe 4

a) 11 cm^3 b) 14 cm^3 c) 46 cm^3

Seite 145 | Aufgabe 5

a) 21 cm^3 b) 35 cm^3 c) 39 cm^3

Seite 146 | Aufgabe 6

a) 2 cm^3 b) 3 cm^3 c) 4 cm^3 d) 6 cm^3

Seite 146 | Aufgabe 7

a) 3 cm^3 b) 8 cm^3 c) 3 cm^3 d) 1 cm^3 e) 2 cm^3

Seite 146 | Aufgabe 8

Der Quader lässt sich in 12 kleinere Würfel zerlegen. Sichtbar sind jedoch nur 10.

Seite 146 | Aufgabe 9

a) 45 Würfel b) 24 Würfel c) 34 Würfel

Seite 146 | Aufgabe 10

a) Die Steine 3, 5, 6, 10, 11 und 12 enthalten zusammen 25 kleine Würfel. Ein großer Würfel mit der Kantenlänge 2 besteht aus 8 kleinen Würfeln, einer mit Kantenlänge 3 aus 27 kleinen. Aus 25 kleinen Würfeln kann man keinen großen zusammensetzen.

b) Die Kantenlängen der nächsten Würfel sind 3 Würfeln (Volumen: 27 cm^3) und 4 Würfeln (Volumen: 64 cm^3).

c) Zum Beispiel kann man aus den Bausteinen 8 und 12 eine Ebene aus 3 x 3 Würfeln zusammensetzen, ebenso aus den Bausteinen 2, 3 und 9 sowie 7, 6 und 1. Zusammen ergeben diese Ebenen dann einen Würfel (Kante 3).

d) Der Würfel besitzt mindestens ein Volumen von 64 cm^3

5.2 Volumeneinheiten

Seite 147 | Einstieg

Man erhält $10 \cdot 10 \cdot 10 = 1000$ Würfel mit der Kantenlänge 1 cm.

Seite 147 | Aufgabe 1

Mineralwasserflasche: 750 ml; Kinderzimmer: 45 m^3; Schultasche: 20 dm^3; Wohnung: 240 m^3; Holzbleistift: 20 cm^3; Wassereimer: 10 l.

Seite 148 | Aufgabe 2

a) 3000 dm^3 b) 12 000 cm^3 c) 4 dm^3 d) 11 000 cm^3

Seite 148 | Aufgabe 3

a) 4000 dm^3 b) 11 000 cm^3 c) 70 000 mm^3 d) 800 000 dm^3 e) 650 000 cm^3

Seite 148 | Aufgabe 4

a) 8 cm^3 b) 19 m^3 c) 5 dm^3 d) 90 dm^3 e) 4 dm^3 = 4 l

Seite 148 | Aufgabe 5

a) 6000 cm^3 = 6 dm^3 = 6 l	b) 9 l = 9000 cm^3= 9000 ml	c) 32 cm^3 = 32 ml
d) 990 000 mm^3 = 990 cm^3	e) 70 m^3 = 70 000 dm^3	f) 8 l = 8 dm^3
g) 7 dm^3 = 7000 ml	h) 5000 l = 5 m^3	i) 15 l = 15 000 cm^3

Seite 148 | Aufgabe 6

a) 23 dm^3 = 23 000 cm^3 = 23 000 000 mm^3
b) 9 000 000 cm^3 = 9000 dm^3 = 9 m^3
c) 40 m^3 = 40 000 dm^3 = 40 000 000 cm^3
d) 80 ml = 80 cm^3 = 80 000 mm^3

Seite 148 | Aufgabe 7

a) 4000 cm^3	b) 345 000 mm^3	c) 389 dm^3	d) 209000 ml
32 cm^3	94 000 000 mm^3	21 m^3	69 ml

Seite 149 | Aufgabe 8

8000 ml < 800 l < 8 000 000 cm^3 = 8 m^3 < 80 000 dm^3

Seite 149 | Aufgabe 9

1 l = 1 dm^3 = 1000 cm^3 = 1 000 000 mm^3 = 1000 ml

Seite 149 | Aufgabe 10

a) 25 dm^3 = 25 · 1000 cm^3 = 25 000 cm^3: Die Umrechnungszahl ist 1000.
b) Richtig
c) 31 m^3 = 31 · 1000 dm^3 = 31 · 1 000 000 cm^3 = 31 000 000 cm^3, Einheit übersprungen
d) 6 m^3 = 6 · 1000 dm^3 = 6 · 1 000 000 cm^3 = 6 000 000 ml, Einheit übersprungen

Seite 149 | Aufgabe 11

a) 42 m = 42 ·10 dm = 420 dm
b) 23 m^2 = 23 · 100 dm^2 = 2300 dm^2
c) 11 m^3 = 11 ·1000 dm^3 = 11 000 dm^3

Seite 149 | Aufgabe 12

a) 50 dm	b) 500 dm^2	c) 5000 dm^3	d) 1100 dm^2
e) 60 000 dm^3	f) 2000 ml	g) 900 ha	h) 7000 cm^3
i) 180 mm	j) 500 a	k) 3 000 000 mm^3	l) 4,5 m

Seite 149 | Aufgabe 13

a) 33 m^3	b) 50 cm^3	c) 239 dm^3
d) 9,08 cm^3	e) 1024 dm^3	f) 618 cm^3
g) 2 000 300 cm^3	h) 10 995 700 mm^3	i) 1 930 000 cm^3

Seite 149 | Aufgabe 14

Beispiellösungen:

a) 382 dm^3 + 98 cm^3 = 382 098 cm^3
b) 71 dm^3 - 71 mm^3 = 70 999 929 mm^3

Seite 149 | Aufgabe 15

a) 200 000 ml sind 200 l, das ist zu viel für einen Menschen.
b) 140 000 cm^3 sind 140 l, das stimmt.
c) Das entspricht 350 l, einem sehr kleinen Kofferraum.
d) Das sind 20 000 l und damit zu viel.

Seite 149 | Aufgabe 16

3 Gläser sind 600 ml, die 10 Freunden trinken also 6 l, mit ihm selber trinken alle zusammen 6,6 l. Besorgt Murad 1-l-Flaschen, so können alle seine Gäste genau drei Gläser trinken, allerdings bleibt dann nichts mehr für ihn selbst. Besorgt er 7 Flaschen, bleibt etwas übrig.

Seite 149 | Aufgabe 17

a) Schätzt man pro Minute 20 Atemzüge, so ergibt dies bei 1440 Minuten pro Tag ca. 28 800 Atemzüge pro Tag. Das sind 28 800 · 300 ml =8 640 000 ml = 8640 l = 8640 dm^3 = 8,640 m^3.
b) 3456 Luftballons an einem Tag; 24 192 Luftballons in 7 Tagen, also einer Woche.

Seite 149 | Aufgabe 18

a) 9 l = 9 000 000 mm³; Bei 60 000 Tropfen in 10 Stunden ergibt das 150 mm³ pro Wassertropfen.

b) 21,6 l = 21 600 cm³ am Tag; 151 200 cm³ in einer Woche.

5.3 Volumen eines Quaders

Seite 150 | Einstieg

Der Quader besteht aus 75 Würfeln. Daraus kann man keinen anderen Quader bauen.

Seite 151 | Aufgabe 1

a) 30 cm³ b) 300 cm³ c) 168 cm³

d) 1980 cm³ e) 240 m³ f) 693 mm³

Seite 151 | Aufgabe 2

a) 2400 cm³ b) 6600 cm³

Seite 151 | Aufgabe 3

a) 30 cm³ b) 1800 cm³ c) 384 dm³

d) 6000 cm³ e) 12 cm³ f) 2500 cm³

Seite 151 | Aufgabe 4

a) a = 6 cm: V = 216 cm³; a= 50 mm: V = 125 000 mm³ = 125 cm³; a = 10 m: V = 1000 m³

b) $a \cdot a \cdot a = a^3 = V$.

Das Volumen entspricht der dreimal mit sich selbst multiplizierten Seitenlänge.

Seite 151 | Aufgabe 5

a) c = 3 cm b) c = 2 cm c) c = 6 cm

d) c = 13 cm e) 1 m f) 4 mm

Seite 152 | Aufgabe 6

	Länge	Breite	Höhe	Volumen
a)	120 cm	40 cm	5 dm = 50 cm	240 dm³
b)	32 cm	10 cm	120 mm = 12 cm	3840 cm³
c)	3 cm	5 cm	7 cm	105 cm³
d)	2 dm = 20 cm	500 mm = 50 cm	14 cm	14 000 cm³

Seite 152 | Aufgabe 7

Richtige Lösung: $V = 20\text{ cm} \cdot 15\text{ cm} \cdot 4\text{ cm} = 1200\text{ cm}^3$

Mark hat die Einheiten nicht umgerechnet, sondern nur die Zahlenwerte multipliziert und eine beliebige Einheit für das Ergebnis verwendet. Christoph hat zwar die Zahlenwerte richtig umgerechnet, aber die Einheiten nicht dazugeschrieben. Sein Endergebnis ist richtig.

Seite 152 | Aufgabe 8

a) a = 2 cm, b = 3 cm, c = 10 cm; a = 4 cm, b= 5 cm, c = 3 cm; a = 1 cm, b = 10 cm, c = 6 cm

b) Es gibt insgesamt 10 Möglichkeiten mit den Seitenlängen 1,1,60; 1,2,30; 1,3,20; 1,4,15; 1,5,12; 1,6,10; 2,2,15; 2,3,10; 2,5,6; 3,4,5;

Seite 152 | Aufgabe 9

Es passen höchstens 200 Kreidestücke in den Karton, bei optimaler Packung. Diese ist nur möglich, wenn die Kreidestücke passende Maße haben (z.B. a = 1 cm, b = 1 cm, c = 8 cm).

Seite 152 | Aufgabe 10

a) a = 3 cm b) a = 5 dm c) a = 10 m

Seite 152 | Aufgabe 11

Volumen der Mensa: 2700 m³. Kosten: $2700 \cdot 500$ € = 1 350 000 €.

Seite 152 | Aufgabe 12

a) 128 cm³ b) 72 Kuchen

Seite 152 | Aufgabe 13

320 000 l = 320 m^3. Ist das Becken quaderförmig und 5 m tief, so hat es eine Fläche von 64 m^2. Es könnte also z.B. 8 m lang und 8 m breit sein.

Seite 152 | Aufgabe 14

Wird die Kantenlänge a eines Quaders verdoppelt (2a), so ist das Volumen 8-fach größer.

Wird die Kantenlänge a verdreifacht (3a), so ist das Volumen 27-fach größer.

Wird die Kantenlänge a vervierfacht (4a), so ist das Volumen 64-fach größer.

5.4 Oberflächeninhalt eines Quaders

Seite 153 | Einstieg

Marie benötigt zweimal Goldfolie in Größe der Deckelfläche, zweimal in Größe der vorderen und zweimal in Größe der rechten Seitenfläche.

Seite 154 | Aufgabe 1

a) $O = 2 \cdot 4\text{ cm} \cdot 3\text{ cm} + 2 \cdot 4\text{ cm} \cdot 2\text{ cm} + 2 \cdot 2\text{ cm} \cdot 3\text{ cm} = 52\text{ cm}^2$

b) $O = 2 \cdot 2\text{ dm} \cdot 5\text{ dm} + 2 \cdot 2\text{ dm} \cdot 1\text{ dm} + 2 \cdot 1\text{ dm} \cdot 5\text{ dm} = 34\text{ dm}^2$

c) $O = 2 \cdot 6\text{ cm} \cdot 4\text{ cm} + 2 \cdot 6\text{ cm} \cdot 3\text{ cm} + 2 \cdot 4\text{ cm} \cdot 3\text{ cm} = 108\text{ cm}^2$

d) $O = 2 \cdot 12\text{ mm} \cdot 1\text{ mm} + 2 \cdot 12\text{ mm} \cdot 3\text{ mm} + 2 \cdot 3\text{ mm} \cdot 1\text{ mm} = 102\text{ mm}^2$

Seite 154 | Aufgabe 2

a) 22 cm^2 b) 90 cm^2 c) 6,7 cm^2 = 670 mm^2 d) 2,84 m^2 = 284 dm^2

Seite 154 | Aufgabe 3

a) 122 cm^2 b) 314 cm^2 c) 850 mm^2 d) 3880 dm^2 e) 664 cm^2

Seite 154 | Aufgabe 4

a) $O = 2 \cdot 3\text{ cm} \cdot 3\text{ cm} + 4 \cdot 3\text{ cm} \cdot 2\text{ cm} = 42\text{ cm}^2$

b) $O = 2 \cdot 5\text{ cm} \cdot 2\text{ cm} + 2 \cdot 5\text{ cm} \cdot 1\text{ cm} + 2 \cdot 2\text{ cm} \cdot 1\text{ cm} = 34\text{ cm}^2$

Seite 154 | Aufgabe 5

a) Kantenlänge 2 cm: $O = 6 \cdot 2\text{ cm} \cdot 2\text{ cm} = 24\text{ cm}^2$
Kantenlänge 3 cm: $O = 6 \cdot 3\text{ cm} \cdot 3\text{ cm} = 54\text{ cm}^2$
Kantenlänge 15 cm: $O = 6 \cdot 15\text{ cm} \cdot 15\text{ cm} = 1350\text{ cm}^2 = 13{,}5\text{ dm}^2$
Kantenlänge 0,5 dm: $O = 6 \cdot 0{,}5\text{ dm} \cdot 0{,}5\text{ dm} = 1{,}5\text{ dm}^2$

b) Kantenlänge a: $O = 6a^2$

Seite 154 | Aufgabe 6

Oberfläche 6 dm^2; Seitenfläche: 1 dm^2; Kantenlänge 1 dm

Oberfläche 54 cm^2; Seitenfläche: 9 cm^2; Kantenlänge 3 cm

Oberfläche 150 mm^2; Seitenfläche: 25 mm^2; Kantenlänge 5 mm

Oberfläche 24 dm^2; Seitenfläche: 4 dm^2; Kantenlänge 2 dm

Seite 154 | Aufgabe 7

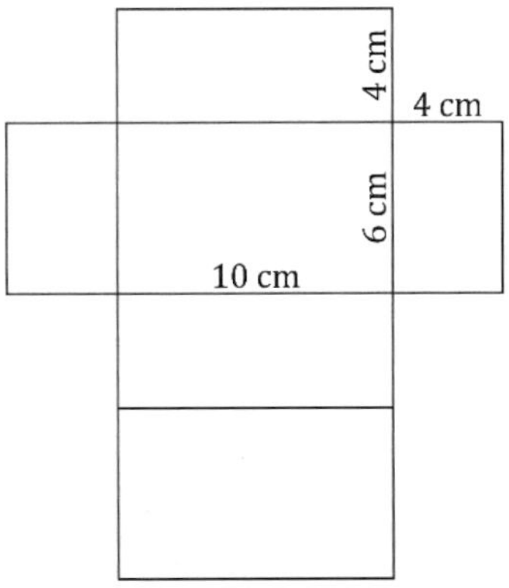

$O = 2 \cdot 10\text{ cm} \cdot 6\text{ cm} + 2 \cdot 10\text{ cm} \cdot 4\text{ cm} + 2 \cdot 6\text{ cm} \cdot 4\text{ cm} = 248\text{ cm}^2$

Seite 155 | Aufgabe 8

Grundfläche: $5\ cm \cdot 3\ cm = 15\ cm^2$; Vorderfläche: $2\ cm \cdot 5\ cm = 10\ cm^2$; rechte Seitenfläche: $2\ cm \cdot 3\ cm = 6\ cm^2$;
Oberfläche: $2 \cdot 15\ cm^2 + 2 \cdot 10\ cm^2 + 2 \cdot 6\ cm^2 = 62\ cm^2$

Ben berechnet zunächst jede der drei verschiedenen Seitenflächen, addiert sie und verdoppelt das Ergebnis.
Frida berechnet zunächst Grund- und Deckfläche, addiert dann die Längen der Seitenflächen (das „blaue Band" im Bild) und multipliziert sie mit der Höhe des Quaders.

Seite 155 | Aufgabe 9

a) Kai hat übersehen, dass der Quader 40 mm breit ist, nicht 40 cm. Richtige Rechnung:
$2 \cdot 3\ cm \cdot 4\ cm + 2 \cdot 3\ cm \cdot 1\ cm + 2 \cdot 4\ cm \cdot 1\ cm = 24\ cm^2 + 6\ cm^2 + 8\ cm^2 = 38\ cm^2$

b) Lisa hat vergessen, dass alle Seiten zweimal vorliegen und den Faktor 2 vergessen.

Seite 155 | Aufgabe 10

Man benötigt Material in der Größe der Seitenfläche und der Grundfläche, ohne Deckelfläche:
$M = 2 \cdot 20\ cm \cdot 5\ cm + 2 \cdot 10\ cm \cdot 5\ cm + 1 \cdot 20\ cm \cdot 10\ cm = 500\ cm^2$

Seite 155 | Aufgabe 11

Oberfläche eines Etuis: $O = 2 \cdot 21\ cm \cdot 6\ cm + 2 \cdot 21\ cm \cdot 3\ cm + 2 \cdot 6\ cm \cdot 3\ cm = 414\ cm^2$
Für 100 Etuis benötigt man also mindestens $100 \cdot 414\ cm^2 = 41\,400\ cm^2 = 4{,}14\ m^2$ Metall.

Seite 155 | Aufgabe 12

a) $O = 6 \cdot 2\ cm \cdot 2\ cm = 24\ cm^2$

b) Die Oberfläche vervierfacht sich: $O_{neu2} = 6 \cdot (2 \cdot 2\ cm) \cdot (2 \cdot 2\ cm) = 6 \cdot 4\ cm \cdot 4\ cm = 96\ cm^2$

c) $O_{neu4} = 6 \cdot (4 \cdot 2\ cm) \cdot (4 \cdot 2\ cm) = 6 \cdot 8\ cm \cdot 8\ cm = 384\ cm^2$

d) Verdoppelt man die Kantenlänge eines Würfels, so vervierfacht sich die Oberfläche.

5.5 Zusammengesetzte Körper

Seite 156 | Einstieg

Da der Körper aus drei roten, einem blauen und einem grünen Klotz gebaut wurde, beträgt das Volumen:
$V = 3 \cdot 20\ cm^3 + 40\ cm^3 + 80\ cm^3 = 180\ cm^3$

Seite 157 | Aufgabe 1

a) $V = 4\ m \cdot 2\ m \cdot 2\ m + 3\ m \cdot 6\ m \cdot 2\ m = 52\ m^3$

b) $V = 8\ m \cdot 2\ m \cdot 2\ m + 2\ m \cdot 2\ m \cdot 2\ m + 4\ m \cdot 2\ m \cdot 2\ m = 56\ m^3$

Seite 157 | Aufgabe 2

a) $V = 80\ cm \cdot 80\ cm \cdot 30\ cm - 40\ cm \cdot 40\ cm \cdot 30\ cm = 144\,000\ cm^3 = 0{,}144\ m^3$

b) $V = 60\ cm \cdot 90\ cm \cdot 40\ cm - 40\ cm \cdot 40\ cm \cdot 30\ cm = 168\,000\ cm^3 = 0{,}168\ m^3$

Seite 157 | Aufgabe 3

$V = 100\ cm \cdot 40\ cm \cdot 80\ cm + 100\ cm \cdot 40\ cm \cdot 40\ cm = 480\,000\ cm^3 = 480\ l = 0{,}48\ m^3$

Seite 157 | Aufgabe 4

a) $V = 50\ cm \cdot 10\ cm \cdot 10\ cm + 6 \cdot 10\ cm \cdot 10\ cm \cdot 10\ cm = 11\,000\ cm^3 = 11\ dm^3$

b) $V = 50\ cm \cdot 30\ cm \cdot 20\ cm - 2 \cdot 10\ cm \cdot 10\ cm \cdot 20\ cm = 26\,000\ cm^3 = 26\ dm^3$

Seite 157 | Aufgabe 5

Quader 1: $30\ cm \cdot 10\ cm \cdot 20\ cm = 6000\ cm^3$ (Pascal hat eine Null vergessen)
Quader 2: $10\ cm \cdot 10\ cm \cdot 10\ cm = 1000\ cm^3$ (Er ist deutlich kleiner als Quader 1)
Gesamtvolumen: $V = 6000\ cm^3 + 1000\ cm^3 = 7000\ cm^3$

Seite 158 | Aufgabe 6

$O = 2 \cdot 4\ m \cdot 2\ m + 2 \cdot 2\ m \cdot 2\ m + 2 \cdot 2\ m \cdot 4\ m + 2 \cdot 2\ m \cdot 4\ m = 56\ m^2$

Seite 158 | Aufgabe 7

a) $O = 2 \cdot 60\ cm \cdot 30\ cm + 2 \cdot 30\ cm \cdot 15\ cm + 2 \cdot 30\ cm \cdot 30\ cm + 2 \cdot 30\ cm \cdot 30\ cm = 8100\ cm^2$

b) $O = 2 \cdot 100\ cm \cdot 20\ cm + 2 \cdot 100\ cm \cdot 10\ cm + 4 \cdot 10\ cm \cdot 20\ cm + 2 \cdot 30\ cm \cdot 20\ cm$
$= 8000\ cm^2$

Seite 158 | Aufgabe 8

① rot $O = 8 \cdot 2\text{ cm} \cdot 2\text{ cm} + 2 \cdot 3 \cdot 2\text{ cm} \cdot 2\text{ cm} = 56\text{ cm}^2$

② blau $O = 10 \cdot 2\text{ cm} \cdot 2\text{ cm} + 2 \cdot 4 \cdot 2\text{ cm} \cdot 2\text{ cm} = 72\text{ cm}^2$

③ gelb $O = 10 \cdot 2\text{ cm} \cdot 2\text{ cm} + 2 \cdot 4 \cdot 2\text{ cm} \cdot 2\text{ cm} = 72\text{ cm}^2$

④ grün $O = 10 \cdot 2\text{ cm} \cdot 2\text{ cm} + 2 \cdot 4 \cdot 2\text{ cm} \cdot 2\text{ cm} = 72\text{ cm}^2$

⑤ orange $O = 6 \cdot 2\text{ cm} \cdot 2\text{ cm} + 6 \cdot 2\text{ cm} \cdot 2\text{ cm} + 6 \cdot 2\text{ cm} \cdot 2\text{ cm} = 72\text{ cm}^2$

⑥ grau $O = 6 \cdot 2\text{ cm} \cdot 2\text{ cm} + 6 \cdot 2\text{ cm} \cdot 2\text{ cm} + 6 \cdot 2\text{ cm} \cdot 2\text{ cm} = 72\text{ cm}^2$

⑦ rosa $O = 6 \cdot 2\text{ cm} \cdot 2\text{ cm} + 6 \cdot 2\text{ cm} \cdot 2\text{ cm} + 6 \cdot 2\text{ cm} \cdot 2\text{ cm} = 72\text{ cm}^2$

Seite 158 | Aufgabe 9

a) $V = 3\text{ cm} \cdot 3\text{ cm} \cdot 20\text{ cm} = 180\text{ cm}^3$

b) $V = 5\text{ cm} \cdot 10\text{ cm} \cdot 20\text{ cm} + 5\text{ cm} \cdot 5\text{ cm} \cdot 20\text{ cm} = 1500\text{ cm}^3$

c) $V = 3\text{ cm} \cdot 3\text{ cm} \cdot 20\text{ cm} + 0{,}5 \cdot 3\text{ cm} \cdot 3\text{ cm} \cdot 20\text{ cm} = 270\text{ cm}^3$

5.6 Vermischte Aufgaben

Seite 159 | Aufgabe 1

① $V = 48\text{ cm}^3$ ② $V = 40\text{ cm}^3$ ③ $V = 48\text{ cm}^3$

④ $V = 36\text{ cm}^3$ ⑤ $V = 40\text{ cm}^3$ ⑥ $V = 36\text{ cm}^3$

Gleich groß sind also die Quader ① und ③, ② und ⑤ sowie ④ und ⑥.

Seite 159 | Aufgabe 2

a) ① $V = 80\text{ cm}^3$; $O = 112\text{ cm}^2$ ② $V = 80\text{ cm}^3$; $O = 136\text{ cm}^2$

③ $V = 100\text{ cm}^3$; $O = 250\text{ cm}^2$ ④ $V = 36\text{ cm}^3$; $O = 112\text{ cm}^2$

b) Die kleinste Oberfläche hat ein Würfel mit der Kantenlänge 20 cm.

Seite 159 | Aufgabe 3

a) $1\text{ cm}^3 + 0{,}5\text{ cm}^3 = 1{,}5\text{ cm}^3$ b) $4000\text{ ml} - 2400\text{ ml} = 1600\text{ ml}$

c) $8000\text{ dm}^3 + 75\text{ dm}^3 = 8075\text{ dm}^3$ d) $9000\text{ dm}^3 : 300\text{ dm}^3 = 30$

e) $3{,}2\text{ dm}^2 + 4\text{ dm}^2 = 7{,}2\text{ dm}^2$ f) $100\text{ Dm}^2 - 0{,}6\text{ dm}^2 = 99{,}4\text{ dm}^2$

g) $11\text{ mm} \cdot 70\text{ mm} = 770\text{ mm}^2$ h) $4800\text{ mm}^2 : 60\text{ mm}^2 = 80$

Seite 159 | Aufgabe 4

a) $V = 5\text{ cm}^3$; $O = 20\text{ cm}^2$

b) $V = 8\text{ cm}^3$; $O = 24\text{ cm}^2$

c) 8 einzelne Würfel haben das gleiche Volumen (8 cm^3), aber eine andere Oberfläche ($8 \cdot 6\text{ cm}^2 = 48\text{ cm}^2$).

Seite 159 | Aufgabe 5

$h = 500\text{ dm}^3 : 20\text{ dm} : 5\text{ dm} = 5\text{ dm}$. Das Aquarium ist 5 dm hoch.

Seite 159 | Aufgabe 6

a)

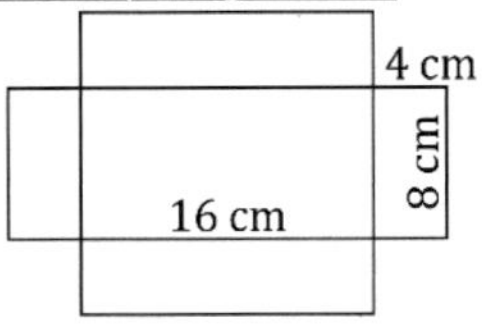

b) Länge: $16\text{ cm} + 2 \cdot 4\text{ cm} = 24\text{ cm}$; Breite: $8\text{ cm} + 2 \cdot 4\text{ cm} = 16\text{ cm}$

Seite 160 | Aufgabe 7

a) $O = 6 \cdot 10\text{ cm} \cdot 10\text{ cm} = 600\text{ cm}^2$

b) Der Papierbogen hat einen Flächeninhalt von 750 cm^2, könnte also reichen. Allerdings passt er in keiner Richtung einmal um das Paket (dazu bräuchte man eine Länge von 40 cm), er müsste also zerschnitten und zusammengeklebt werden.

c) Länge des Bandes: $8 \cdot 10\text{ cm} + 50\text{ cm} = 130\text{ cm}$.

Seite 160 | Aufgabe 8

a) $V_{\text{eine Stufe}} = 40\text{ cm} \cdot 20\text{ cm} \cdot 50\text{ cm} = 40\,000\text{ cm}^3 = 40\text{ dm}^3 = 40\text{ l} = 0{,}04\text{ m}^3$

b) Die Treppe besteht aus drei Stufen: $V_{\text{Treppe}} = 120\,000\text{ cm}^3 = 120\text{ dm}^3 = 120\text{ l} = 0{,}12\text{ m}^3$

c) $m = 120\text{ dm}^3 \cdot 2400\text{ g} = 288\,000\text{ g} = 288\text{ kg}$

d) Für eine Stufe benötigt man 40 dm3 Beton, 800 dm3 bedeuten also 20 Stufen. Eine Stufe ist 20 cm hoch, diese Treppe hat also eine Höhe von 400 cm = 4 m.

Seite 160 | Aufgabe 9

a) $V = 8\text{ m} \cdot 25\text{ m} \cdot 3\text{ m} + 8\text{ m} \cdot 10\text{ m} \cdot 1\text{ m} = 680\text{ m}^3 = 680\,000\text{ dm}^3 = 680\,000\text{ l}$.
In das Schwimmbecken passen insgesamt 680 000 l.

b) 68 Minuten, also eine Stunde und acht Minuten.

c) Geht man von einem Kind mit der Größe 1,60 m und dem Taillenumfang 70 cm aus, so könnte man einen Quader mit den Maßen 160 cm, 25 cm und 10 cm berechnen, also einem Volumen von $40\,000\text{ cm}^3$. Dieser Wert ist aber sicher etwas zu groß, da die Beine schmaler sind als der Oberkörper. Man kann also ein Volumen von etwa $30\,000\text{ cm}^3$ schätzen, bei 100 Kindern also $3\,000\,000\text{ cm}^3 = 3000\text{ l}$.

Seite 160 | Aufgabe 10

a) Der Boden ist 20 m^2 groß, man benötigt also 7 Packungen Laminat (ergibt 21 m^2), die 78,40 € kosten.

b) Oberfläche der Wände: $O = 2 \cdot 4\text{ m} \cdot 3\text{ m} + 2 \cdot 5\text{ m} \cdot 3\text{ m} = 54\text{ m}^2$. 7 Rollen Tapete ergeben 56 m^2, das müsste also reichen, auch weil Tür und Fenster nicht tapeziert werden dürften.

c) Das Zimmer hat ein Volumen von 60 m^3, sodass das zweite Modell wohl besser geeignet ist.

Seite 161 | Aufgabe 11

a) Tom möchte die Seitenflächen, die Grundfläche, die Deckfläche und die Rückwand bekleben. Berechnet man alle 5 Flächen, so ergibt das eine Oberfläche von 4250 cm^2. Dennis will nur die Seitenflächen und die Deckfläche bekleben.

b) Zum Beispiel: Die Standfläche muss wirklich nicht beklebt werden. Wird die Vorderfläche ausgespart, kann die Rückwand ebenfalls ausgespart werden. Dann hätte Dennis Recht.

Seite 161 | Aufgabe 12

Blaue Blüte: $V = 4\text{ cm} \cdot 6\text{ cm} \cdot 9\text{ cm} = 216\text{ cm}^3$

Rote Blüte: Bei einer Füllhöhe von 8 cm ergibt sich ein Flüssigkeitsvolumen von
$V_F = 4\text{ cm} \cdot 6\text{ cm} \cdot 8\text{ cm} = 192\text{ cm}^3 < 200\text{ ml}$

Gelbe Blüte: $O = 2 \cdot 4\text{ cm} \cdot 6\text{ cm} + 2 \cdot 4\text{ cm} \cdot 9\text{ cm} + 2 \cdot 6\text{ cm} \cdot 9\text{ cm} = 228\text{ cm}^2$
Faltet man das Päckchen auseinander, so erhält man eine größere Fläche, da noch die Klebeflächen hinzukommen.

Grüne Blüte: Der Strohhalm ist etwas länger als die Diagonale der größeren Seitenfläche. Er ist aber kürzer als die Raumdiagonale des Päckchens, es kann also sein, dass er auch kürzer als die Strecke vom Einstichpunkt zur gegenüberliegenden Ecke ist.

Seite 161 | Aufgabe 13

a) $21\text{ cm} \cdot 23{,}8\text{ cm} \cdot 50\text{ cm} = 24\,990\text{ cm}^3$

b) Für 20 000 Hennen braucht man $0{,}21\text{ m} \cdot 0{,}238\text{ m} \cdot 20\,000 = 999{,}6\text{ m}^2$ Platz.
Die Halle hat eine Fläche von $20\text{ m} \cdot 0{,}6\text{ m} = 12\text{ m}^2$. Es müssen also etwa 84 Schichten von Käfigen übereinander stehen. Dazu müsste die Halle 42 m hoch sein, das ist eher unwahrscheinlich.

c) $120\,000\text{ cm}^2 : 750\text{ cm}^2 = 160$. In einem Käfig mit 12 m^2 Grundfläche dürfen dann 160 Hennen gehalten werden, jeder stehen dann $750\text{ cm}^2 \cdot 50\text{ cm} = 37\,500\text{ cm}^3$ zur Verfügung.

Seite 161 | Aufgabe 14

Wandflächen: $2 \cdot (80\text{ m} \cdot 15\text{ m}) + 2 \cdot (20\text{ m} \cdot 15\text{ m}) + 3 \cdot (11\text{ m} \cdot 15\text{ m}) = 3495\text{ m}^2$

Dachfläche: $80\text{ m} \cdot 20\text{ m} - 54\text{ m} \cdot 11\text{ m} = 1006\text{ m}^2$

Insgesamt braucht man für die Verhüllungsaktion also mindestens 4501 m^2 Stoff. In der Realität wird man deutlich mehr benötigen, da der Stoff nicht straff anliegt und auch Stoff zur Befestigung gebraucht wird.

6. Teilbarkeit

6.1 Teiler und Vielfache

Seite 168 | Einstieg

Wenn jeder seiner Freunde gleich viele Sammelkarten bekommen soll, kann er sie an 2 Freunde verteilen (dann bekommt jeder 18), an 3 Freunde (jeder bekommt 12), 4 Freunde (jeder bekommt 9), 6 Freunde (jeder bekommt 6), 9 Freunde (jeder bekommt 4), 12 Freunde (jeder bekommt 3) oder 18 Freunde (2 für jeden). Er kann auch alle Karten an einen Freund geben.

Seite 169 | Aufgabe 1

a) 8, 16, 24, 32, 40
b) 12, 24, 36, 48, 60
c) 25, 50, 75, 100, 125
d) 34, 68, 102, 136, 170
e) 75, 150, 225, 300, 375
f) 220, 440, 660, 880, 1100

Seite 169 | Aufgabe 2

a) Nein, $24 \cdot 3 = 72$; $24 \cdot 4 = 96$
b) Ja, denn $12 \cdot 14 = 168$
c) Ja, denn $8 \cdot 12 = 96$
d) Nein, $16 \cdot 8 = 128$; $17 \cdot 8 = 136$

Seite 169 | Aufgabe 3

a) $3 \mid 15$
b) $7 \nmid 24$
c) $8 \nmid 62$
d) $2 \mid 36$
e) $4 \mid 60$
f) $12 \mid 60$

Seite 169 | Aufgabe 4

a) Teiler von 16: 1, 2, 4, 8, 16 Teiler von 14: 1, 2, 7, 14 Teiler von 18: 1, 2, 3, 6, 9, 18
b) Die Zahl 20 hat 6 Teiler, 24 und 30 haben 8 Teiler. 23 und 29 sind Primzahlen.

Seite 169 | Aufgabe 5

a) 3, 7, 5
b) 13, 19, 31, 43
c) 83, 29, 61, 71
d) 97, 101, 149, 151

Seite 169 | Aufgabe 6

a) und b)

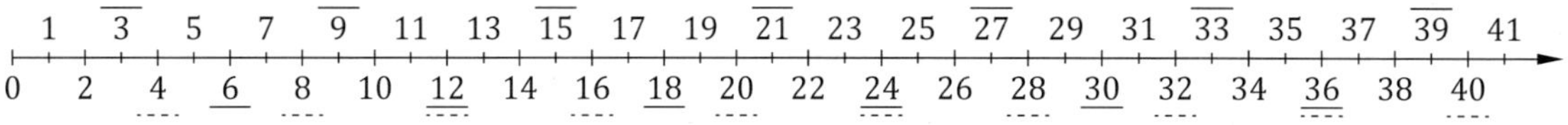

c) Die markierten Zahlen einer Farbe haben immer den gleichen Abstand. Für die Zahlen 12, 24 und 36 sind 3 und 4 gleichzeitig Teiler der Zahlen.

Seite 169 | Aufgabe 7

a) ① Vielfache von 7
② Vielfache von 8
③ Vielfache von 12
④ Vielfache von 13

b) ① ..., 28, 35, 42, 49, 56, 70
② ..., 64, 72, 80, 88, 96, 104
③ ..., 84, 60, 72, 84, 96, 108
④ ..., 143, 156, 169, 182, 195, 208

Seite 169 | Aufgabe 8

a) 10, 20, 30
b) 20, 30, 40
c) 12, 24, 60
d) 18, 36, 54

Seite 169 | Aufgabe 9

a) und b)

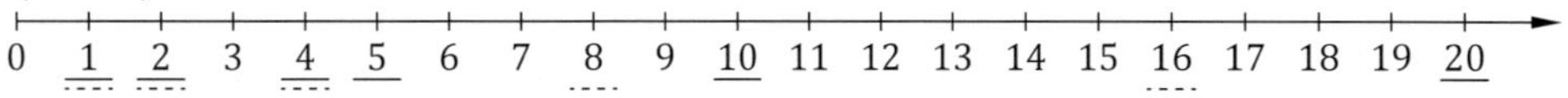

c) Der größte Teiler einer Zahl (außer der Zahl selbst) beträgt maximal die Hälfte der Zahl.

Seite 169 | Aufgabe 10

Es können Gruppen mit 2, 3, 4, 6, 8, 12 Gruppenmitglieder gebildet werden.

Seite 169 | Aufgabe 11

a) Teiler von 15: 1, 3, 5, 15; erste 5 Vielfache von 15: 15, 30, 45, 60, 75

b) Ja die Teiler von 15 sind auch Teiler der Vielfachen von 15. Die Teiler von 15 sind 3 und 5, und es gilt z.B. $2 \cdot 3 \cdot 5 = 30$, $3 \cdot 3 \cdot 5 = 45$, $4 \cdot 3 \cdot 5 = 60$.

Seite 170 | Aufgabe 12

a) Teiler von 22: 1, 2, 11, 22; Teiler von 23: 1, 23; Teiler von 27: 1, 3, 9, 27

b) 23 ist eine Primzahl, da sie nur die trivialen Teiler 1 und 23 hat.

c) Vielfache von 5: 5, 10, 15, 20, 25, 50; Vielfache von 12: 12, 24, 36, 48, 60, 72

d) 60 und 120

Seite 170 | Aufgabe 13

a) 1, 2, 4 b) 1, 5 c) 1, 2, 3, 4, 6, 12 d) 1, 2, 3, 6 e) 1, 7

Seite 170 | Aufgabe 14

a) 0 ist kein Teiler, da die Division durch 0 nicht definiert ist und 0 deshalb nie ein Teiler ist. Das Ergebnis der Aufgabe „10 : 0" ist auch nicht 0, sondern gar nichts.

b) Alle echten Teiler sind kleiner als die Zahl selbst. Die Zahl selbst ist jedoch auch ein Teiler von sich selbst.

c) Das ist richtig, da Vielfache einer Zahl immer diese Zahl als Teiler haben.

Seite 170 | Aufgabe 15

a) 2 Reihen mit 30 Legionären, 3 Reihen mit 20 Legionären, 4 Reihen mit 15 Legionären: 5 Reihen mit 12 Legionären oder 6 Reihen mit 10 Legionären. Möglich sind auch kürzere Reihen: 10 Reihen mit 6 Legionären, 12 Reihen mit 5 Legionären. 15 Reihen mit 4 Legionären, 20 Reihen mit 3 Legionären oder 30 Reihen mit 2 Legionären.

b) Dann sind noch 56 Legionäre übrig, die sich in 2 Reihen mit 28 Legionären aufstellen können oder in 4 Reihen mit 14 Legionären, 7 Reihen mit 8 Legionären, 8 Reihen mit 7 Legionären, 14 Reihen mit 4 Legionären, 28 Reihen mit 2 Legionären.

c) Fehlt 1 Legionär, so bleiben 59 übrig, bei 7 fehlenden sind es 53. 59 und 53 sind beides Primzahlen, die keine Teiler außer 1 und sich selber haben. Es könnten also keine Rechtecke gebildet werden, außer einer Reihe mit allen 59 bzw. 53 Legionären (oder 59 bzw. 53 Reihen mit je einem).

Seite 170 | Aufgabe 16

a) 15 Paare sind 30 Karten, Möglichkeit für ein Rechteck: $2 \cdot 15$, $3 \cdot 10$, $5 \cdot 6$, $6 \cdot 5$, $10 \cdot 3$, $15 \cdot 2$
Möglichkeiten bei 12 Paaren, also 24 Karten: $2 \cdot 12$, $3 \cdot 8$, $4 \cdot 6$, $6 \cdot 4$, $8 \cdot 3$, $12 \cdot 2$
In beiden Varianten gibt es gleich viele Möglichkeiten für Rechtecke.

b) Fehlen von 12 Paaren 2, so hat man 10 Paare, also 20 Karten,
Möglichkeiten für Rechtecke: $2 \cdot 10$, $4 \cdot 5$, $5 \cdot 4$, $10 \cdot 2$
Fehlen von 15 Paaren 2, so hat man 13 Paare, also 26 Karten,
Möglichkeiten für Rechtecke: $2 \cdot 13$, $13 \cdot 2$

Seite 170 | Aufgabe 17

Hat der Chor 49 Mitglieder, so bleibt bei $2 \cdot 24 = 48$; $3 \cdot 16 = 48$; $4 \cdot 12 = 48$ und $6 \cdot 8 = 48$ jeweils eine Person übrig. Das gleiche gilt, wenn der Chor 37, 25 oder 13 Mitglieder hat.

Seite 170 | Aufgabe 18

a) 6 hat die echten Teiler 1, 2, und 3. Die Summe ergibt 6. Die Summe der echten Teiler von 12 ergibt $1 + 2 + 3 + 4 + 6 = 16 > 12$.

b) Richtig, denn sie hat immer nur den echten Teiler 1.

c) Echte Teiler von 26: 1, 2, 13; $1 + 2 + 13 = 16 < 26$: 26 ist eine arme Zahl.
Echte Teiler von 28: 1, 2, 4, 7, 14; $1 + 2 + 4 + 7 + 14 = 28$. 28 ist eine vollkommene Zahl.
Echte Teiler von 30: 1, 2, 3, 5, 6, 10, 15; $1 + 2 + 3 + 5 + 6 + 10 + 15 = 42 > 30$; 30 ist eine reiche Zahl.

d) $496 = 1 + 2 + 4 + 8 + 16 + 31 + 62 + 124 + 248$

Streifzug: Primfaktorzerlegung

Seite 171 | Einstieg

$45 = 5 \cdot 9 = 5 \cdot 3 \cdot 3$; $84 = 2 \cdot 42 = 2 \cdot 2 \cdot 21 = 2 \cdot 2 \cdot 3 \cdot 7$; $770 = 2 \cdot 385 = 2 \cdot 5 \cdot 77 = 2 \cdot 5 \cdot 7 \cdot 11$

Seite 171 | Aufgabe 1

a) $24 = 2 \cdot 2 \cdot 2 \cdot 3$
b) $57 = 3 \cdot 19$
c) $660 = 2 \cdot 2 \cdot 3 \cdot 5 \cdot 11$
d) $348 = 2 \cdot 2 \cdot 3 \cdot 29$
e) $1000 = 2 \cdot 2 \cdot 2 \cdot 5 \cdot 5 \cdot 5$

Seite 171 | Aufgabe 2

a) Fiona: $180 = 2 \cdot 90 = 2 \cdot 2 \cdot 45 = 2 \cdot 2 \cdot 3 \cdot 15 = 2 \cdot 2 \cdot 3 \cdot 3 \cdot 5$
Robin: $180 = 18 \cdot 10 = 3 \cdot 6 \cdot 2 \cdot 5 = 2 \cdot 2 \cdot 3 \cdot 3 \cdot 5$
Tom: $180 = 30 \cdot 6 = 2 \cdot 15 \cdot 2 \cdot 3 = 2 \cdot 3 \cdot 5 \cdot 2 \cdot 3 = 2 \cdot 2 \cdot 3 \cdot 3 \cdot 5$
b) Es ergibt sich immer dieselbe Primfaktorzerlegung der Zahl 180, der Weg ist also unerheblich.

Seite 171 | Aufgabe 3

a) Die Teiler von 84 lassen sich durch Multiplikation einzelner Primfaktoren errechnen.
b) ① $42 = 2 \cdot 3 \cdot 7$; Teiler: 1, 2, 3, 6, 7, 14, 21, 42
② $130 = 2 \cdot 5 \cdot 13$; Teiler: 1, 2, 5, 10, 13, 26, 65, 130
③ $44 = 2 \cdot 2 \cdot 11$; Teiler:1, 2, 4, 11, 22, 44
④ $54 = 2 \cdot 3 \cdot 3 \cdot 3$; Teiler: 1, 2, 3, 6, 9, 18, 27, 54
⑤ $210 = 2 \cdot 3 \cdot 5 \cdot 7$, Teiler: 1, 2, 3, 5, 6, 7, 10, 14, 15, 21, 30, 35, 42, 70, 105

Seite 171 | Aufgabe 4

a) ① $4 = 2 \cdot 2$; $20 = 2 \cdot 2 \cdot 5$
② $6 = 2 \cdot 3$; $18 = 2 \cdot 3 \cdot 3$
③ $10 = 2 \cdot 5$; $80 = 2 \cdot 2 \cdot 2 \cdot 2 \cdot 5$
④ $30 = 2 \cdot 3 \cdot 5$; $90 = 2 \cdot 3 \cdot 3 \cdot 5$
⑤ $15 = 3 \cdot 5$; $210 = 2 \cdot 3 \cdot 5 \cdot 7$
b) ① $4 \cdot 20 = 80 = 2 \cdot 2 \cdot 2 \cdot 2 \cdot 5$
② $6 \cdot 18 = 108 = 2 \cdot 2 \cdot 3 \cdot 3 \cdot 3$
③ $10 \cdot 80 = 800 = 2 \cdot 2 \cdot 2 \cdot 2 \cdot 2 \cdot 5 \cdot 5$
④ $30 \cdot 90 = 2700 = 2 \cdot 2 \cdot 3 \cdot 3 \cdot 3 \cdot 5 \cdot 5$
⑤ $210 \cdot 15 = 3150 = 2 \cdot 3 \cdot 3 \cdot 5 \cdot 5 \cdot 7$
c) ① $20 : 4 = 5$
② $18 : 6 = 3$
③ $80 : 10 = 8 = 2 \cdot 2 \cdot 2$
④ $90 : 30 = 3$
⑤ $210 : 15 = 14 = 2 \cdot 7$

Streifzug: Gemeinsame Teiler und gemeinsame Vielfache

Seite 172 | Einstieg

Nach 24 Minuten hat Paula 2 Runden geschafft, Lars 3 Runden und sie treffen sich wieder an der Parkbank.

Seite 173 | Aufgabe 1

a) 1, 2, 4 b) 1, 3, 9 c) 1 d) 1, 2, 3, 4, 6, 8, 12, 24 e) 1, 3, 5, 15

Seite 173 | Aufgabe 2

a) 14, 28, 42, 56
b) 54, 108, 162, 216
c) 15, 30, 45, 60
d) 200, 400, 600, 800
e) 36, 72, 108, 144

Seite 173 | Aufgabe 3

a) ggT(12,88) = 4; kgV(12,88) = 264
b) ggT(90, 140) = 10, kgV(90,140) = 1260

Seite 173 | Aufgabe 4

a) $12 = 2 \cdot 2 \cdot 3$; $18 = 2 \cdot 3 \cdot 3$; $ggT(12, 18) = 6$

b) $21 = 3 \cdot 7$; $63 = 3 \cdot 3 \cdot 7$; $ggT(21, 63) = 21$

c) $100 = 2 \cdot 2 \cdot 5 \cdot 5$; $220 = 2 \cdot 2 \cdot 5 \cdot 11$; $ggT(100, 220) = 20$

d) $126 = 2 \cdot 3 \cdot 3 \cdot 7$; $280 = 2 \cdot 2 \cdot 2 \cdot 5 \cdot 7$; $ggT(126, 280) = 14$

e) $30 = 2 \cdot 3 \cdot 5$; $36 = 2 \cdot 2 \cdot 3 \cdot 3$; $78 = 2 \cdot 3 \cdot 13$; $ggT(30, 36, 78) = 6$

Seite 173 | Aufgabe 5

a) $6 = 2 \cdot 3$; $9 = 3 \cdot 3$; $kgV(6, 9) = 18$

b) $14 = 2 \cdot 7$; $20 = 2 \cdot 2 \cdot 5$; $kgV(14, 20) = 140$

c) $15 = 3 \cdot 5$; $60 = 2 \cdot 2 \cdot 3 \cdot 5$; $kgV(15, 60) = 60$

d) $44 = 2 \cdot 2 \cdot 11$; $121 = 11 \cdot 11$; $kgV(44, 121) = 484$

e) $8 = 2 \cdot 2 \cdot 2$; $10 = 2 \cdot 5$; $12 = 2 \cdot 2 \cdot 3$; $kgV(8, 10, 12) = 120$

Seite 173 | Aufgabe 6

a) $ggT(3, 6) = 3$; $ggT(4, 8) = 4$; $ggT(7, 4) = 1$

b) $ggT(15, 20) = 5$; $ggT(24, 30) = 6$; $ggT(22, 33) = 11$

c) $ggT(100, 102) = 2$; $ggT(102, 105) = 3$; $ggT(116, 124) = 4$

Seite 173 | Aufgabe 7

a) nicht möglich, da 12 eine Primzahl ist

b) $kgV(2, 25) = 50$; $kgV(2, 5, 25) = 50$; $kgV(2, 5, 10, 25) = 50$

c) $kgV (9, 16) = 144$; $kgV(4, 9, 16) = 144$; $kgV(2, 4, 16, 9) = 144$

d) $kgV(11, 16) = 176$; $kgV(4, 11, 16) = 176$; $kgV(2, 4, 11, 16) = 176$

e) $kgV(14, 15) = 210$; $kgV(2, 7, 15) = 210$; $kgV(2, 3, 5, 7) = 210$

Seite 173 | Aufgabe 8

a) ① $ggT(16, 4) = 4$; $ggT(16, 12) = 4$; $ggT(16, 20) = 4$
② $ggT(2, 24) = 2$; $ggT(10, 24) = 2$; $ggT(14, 24) = 2$
③ $kgV(4, 9) = 36$; $kgV(4, 18) = 36$; $kgV(4, 36) = 36$
④ $kgV(5, 12) = 60$; $kgV(10; 12) = 60$; $kgV(12; 30) = 60$

b) Es lässt sich keine Lösung finden, da 2 kein Teiler von 7 ist.

Seite 173 | Aufgabe 9

3 cm, da $ggT(6, 9, 15) = 3$.

Seite 173 | Aufgabe 10

9:40 Uhr; 11:20 Uhr und 13:00 Uhr

Seite 173 | Aufgabe 11

a) ① $ggT(3, 4) = 1$; $kgV(3, 4) = 12$ ② $ggT(7, 21) = 7$; $kgV (7, 21) = 21$
③ $ggT(12, 16) = 4$; $kgV(12, 16) = 48$ ④ $ggT(36, 60) = 12$; $kgV(36, 60) = 180$
⑤ $ggT(80, 140) = 20$; $kgV(80, 140) = 560$

b) ① $3 \cdot 4 : ggT(3, 4) = 3 \cdot 4 : 1 = 12 = kgV(3, 4)$
② $7 \cdot 21 : ggT(21, 7) = 7 \cdot 21 : 7 = 21 = kgV (7, 21)$
③ $12 \cdot 16 : ggT(12,16) = 12 \cdot 16 : 4 = 48 = kgV(12, 16)$
④ $36 \cdot 60 : ggT(36,60) = 36 \cdot 60 : 12 = 180 = kgV(36, 60)$
⑤ $80 \cdot 140 : ggT(80,140) = 80 \cdot 140 : 20 = 560 = kgV(80, 140)$

c) $4 \cdot 14 = 2 \cdot 2 \cdot 2 \cdot 7$; $ggT(4, 14) = 2$, $kgV(4, 14) = 28$
Der ggT ist das Produkt der Faktoren, die in beiden Primfaktorzerlegungen gemeinsam auftreten. Der kgV ist das Produkt aller Faktoren beider Primfaktorzerlegungen, wobei alle Faktoren, die in beiden Zerlegungen auftreten, nur einmal multipliziert werden. Betrachten wir den Bruch, so kürzt sich der ggT mit dem Zähler, in unserem Beispiel:
$28 = \frac{2 \cdot 2 \cdot 2 \cdot 7}{2} = 2 \cdot 2 \cdot 7 = 4 \cdot 7$

Seite 173 | Aufgabe 12

Individuelle Lösung

6.2 Teilbarkeitsregeln

Seite 174 | Einstieg

Durch 2 teilbar: die letzte Ziffer muss gerade sein; durch 5 teilbar: die letzte Ziffer muss eine 0 oder 5 sein; durch 10 teilbar: die letzte Ziffer muss eine 0 sein.

Seite 174 | Aufgabe 1

a) teilbar durch 5
b) teilbar durch 2
c) teilbar durch 2, 5 und 10
d) nicht teilbar durch 2, 5, 10
e) teilbar durch 2
f) teilbar durch 5
g) nicht teilbar durch 2, 5, 10
h) teilbar durch 2
i) teilbar durch 2, 5 und 10

Seite 174 | Aufgabe 2

a) 224; 1000; 370; 8484
b) 635; 1000; 515; 370
c) 1000; 370
d) 207, 441

Seite 174 | Aufgabe 3

10; 20; 30; 40; 50; 60; 70; 80; 90 – diese Zahlen sind auch durch $2 \cdot 5 = 10$ teilbar.

Seite 174 | Aufgabe 4

Durch 2 teilbar: 2; 4; 10; 12; 14; 20; 22; 24; 30; 32; 34; 40; 42; 44; 50; 52; 54
Durch 5 teilbar: 5; 10; 15; 20; 25; 30; 35; 40; 45; 50; 55
Durch 10 teilbar: 10; 20; 30; 40; 50

Seite 175 | Aufgabe 5

a) $3 + 4 + 5 = 12$, also durch 3 teilbar
b) $7 + 8 = 15$, also durch 3 teilbar
c) $1 + 3 + 4 + 7 = 15$, also durch 3 teilbar
d) $5 + 5 + 5 + 6 = 21$, also durch 3 teilbar
e) $1 + 1 + 1 + 1 + 1 + 1 = 6$, also durch 3 teilbar

Seite 175 | Aufgabe 6

a) 12, 15, 18
b) 453, 456, 459
c) 7422, 7425, 7428
d) 45 471, 45 474, 45 477
e) 324 582, 324 585, 324 588

Seite 175 | Aufgabe 7

a) Jonas hat die Summenregel benutzt und 175 vorteilhaft in zwei Summanden zerlegt. Wenn alle Summanden durch die gleiche Zahl teilbar sind, dann ist es auch die Summe.
$140 : 7 = 20$ und $35 : 7 = 5$, also ist $175 : 7 = 25$.
b) $84 = 70 + 14$, also durch 7 teilbar, denn $70 : 7 = 10$ und $14 : 7 = 2$
$161 = 140 + 21$, also durch 7 teilbar, denn $140 : 7 = 20$ und $21 : 7 = 3$
$364 = 350 + 14$, also durch 7 teilbar, denn $350 : 7 = 50$ und $14 : 7 = 2$
$1435 = 1400 + 35$, also durch 7 teilbar, denn $1400 : 7 = 200$ und $35 : 7 = 5$

Seite 175 | Aufgabe 8

a) Die Aussage ist falsch, denn 10, 14 und 18 enden zum Beispiel auf diese Ziffern und sind nicht durch 4 teilbar.
b) Nein, er hat nicht recht. Gegenbeispiele sind die Zahlen 14, 19, 23 und 28: Sie haben die Quersumme 5, sind aber nicht durch 5 teilbar. Umgekehrt ist z.B. 25 durch 5 teilbar, hat aber die Quersumme 7.

Seite 175 | Aufgabe 9

a) ① 740; 742; 744; 746; 748
② 036, 136, 236; 336; 436; 536; 636; 736; 836; 936
③ Erstes Kästchen beliebig, zweites Kästchen 0; 2; 4; 6; 8
④ Zweites Kästchen beliebig, viertes Kästchen 0; 2; 4; 6; 8
⑤ Erstes Kästchen beliebig, viertes Kästchen 0; 2; 4; 6; 8

b) ① 741; 744; 747
② 336; 636; 936
③ 021; 024; 027; 120; 123; 126; 129; 222; 225; 228; 321; 324; 327; 420; 423; 426; 429; 522; 525; 528; 621; 624; 627; 720; 723; 726; 729; 822; 825; 828; 921; 924; 927
④ 1050; 1053; 1056; 1059; 1152; 1155; 1158; 1251; 1254; 1257; 1350; 1353; 1356; 1359; 1452; 1455; 1458; 1551; 1554; 1557; 1650; 1653; 1656; 1659; 1752; 1755; 1758; 1851; 1854; 1857; 1950; 1953; 1956; 1959
⑤ 0291; 0294; 0297; 1290; 1293; 1296; 1299; 2292; 2295; 2298; 3291; 3294; 3297; 4290; 4293; 4296; 4299; 5292; 5295; 5298; 6291; 6294; 6297; 7290; 7293; 7296; 7299; 8292; 8295; 8298; 9291; 9294; 9297

c) ① 740; 745
② nicht möglich
③ 120; 125; 220; 225; 320; 325; 420; 425; 520; 525; 620; 625; 720; 725; 820; 825; 920; 925
④ 1150; 1155; 1250; 1255; 1350; 1355; 1450; 1455; 1550; 1555; 1650; 1655; 1750; 1755; 1850; 1855; 1950; 1955
⑤ 1290; 1295; 2290; 2295; 3290; 3295; 4290; 4295; 5290; 5295; 6290; 6295; 7290; 7295; 8290; 8295; 9290; 9295

d) ① nicht möglich
② nicht möglich
③ 120; 225; 420; 525; 720; 825
④ 1050; 1155; 1350; 1455; 1650; 1755; 1950
⑤ 1290; 2295; 4290; 5295; 7290; 8295

Seite 175 | Aufgabe 10

a) ① $100 = 4 \cdot 25$. 100 und alle seine Vielfache sind also Vielfache von 4.
② Jede mindestens dreistellige Zahl lässt sich als Summe eines Vielfachen von 100 und einer zweistelligen Zahl scheiben. Da alle Vielfachen von 100 durch 4 teilbar sind, muss man nach der Summenregel nur die Teilbarkeit der verbleibenden zweistelligen Zahl überprüfen.
$116 = 100 + 16$, ist also durch 4 teilbar
$2028 = 20 \cdot 100 + 28$, ist also durch 4 teilbar
$10\,032 = 100 \cdot 100 + 32$, ist also durch 4 teilbar
$400\,084 = 4000 \cdot 100 + 84$, ist also durch 4 teilbar
$4\,363\,456 = 43\,634 \cdot 100 + 56$, ist also durch 4 teilbar

b) $468 = 100 + 100 + 100 + 100 + 60 + 8$
$= 99 + 1 + 99 + 1 + 99 + 1 + 99 + 1 + 54 + 6 + 8$
$= 99 + 99 + 99 + 99 + 54 + 4 + 6 + 8$
$4 \cdot 99$ ist durch 9 teilbar; 54 ist durch 9 teilbar; $4 + 6 + 8 = 18$ ist durch 9 teilbar, also gilt:
469 ist durch 9 teilbar.
$3897 = 1000 + 1000 + 1000 + 800 + 90 + 7$
$= 999 + 1 + 999 + 1 + 999 + 1 + 720 + 72 + 8 + 90 + 7$
$= 999 + 999 + 999 + 720 + 72 + 90 + 3 + 8 + 7$
$4 \cdot 999$ ist durch 9 teilbar; 720, 72 und 90 sind durch 9 teilbar,
$3 + 8 + 7 = 18$ ist durch 9 teilbar, also gilt:
3897 ist durch 9 teilbar.
Regel: Eine Zahl ist durch 9 teilbar, wenn ihre Quersumme durch 9 teilbar ist.

6.3 Zahlenfolgen

Seite 176 | Einstieg

Ein Kreuz besteht aus $5 \cdot 4 = 20$ Punkten. Mit jedem Stempeln kommen also 20 Punkte hinzu.

Seite 176 | Aufgabe 1

a) 1, 6, 11, 16, 21, 26 b) 0, 2, 6, 12, 20, 30 c) 1, 2, 4, 8, 16, 32 d) 1, 1, 2, 6, 24, 120

Seite 176 | Aufgabe 2

a) Es wird in jedem Schritt 7 addiert: 1, 8, 15, 22, 29, 36, 43, ...
b) Es wird in jedem Schritt 4 addiert: 3, 7, 11, 15, 19, 23, 27, ...
c) Es wird in jedem Schritt mit 2 multipliziert: 1, 2, 4, 8, 16, 32, 64, ...
d) Es wird nacheinander mit 2, 3, 4, usw. multipliziert: 2, 4, 12, 48, 240, 1440, ...

Seite 176 | Aufgabe 3

a) 1, 5, 9, 13, 17, 21, 25... b) 2, 4, 7, 11, 16, 22, 29, ...
c) 1, 4, 9, 16, 25, 36, 49... d) 1, 4, 9, 16, 25, 36, .49, ...

Seite 177 | Aufgabe 4

a) ① 2, 6, 18, 54, 162 ② 3, 5, 9, 15, 23
b) Es wird abwechselnd 2 und 3 addiert.

Seite 177 | Aufgabe 5

a) 7, 12, 17

b)

Schritt	1. Schritt	2. Schritt	3. Schritt	4 Schritt	5. Schritt
Bilderfolge	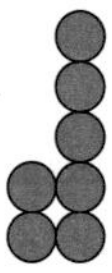	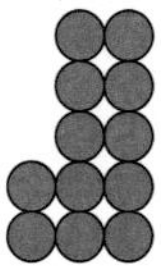	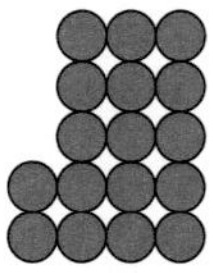	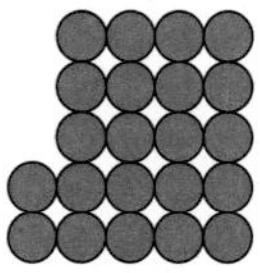	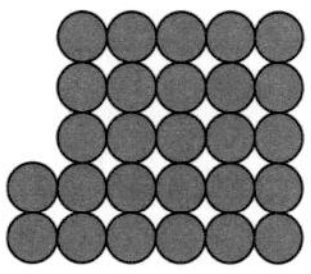
Rechnung	$2 + 1 \cdot 5$	$2 + 2 \cdot 5$	$2 + 3 \cdot 5$	$2 + 4 \cdot 5$	$2 + 5 \cdot 5$
Zahlenfolge	7	12	17	22	27

c) Es ändert sich der Faktor vor der 5 in der Rechnung. Man erkennt dies in den Punktbildern an der Anzahl der Reihen mit 5 Punkten.

d) 10. Schritt: $2 + 10 \cdot 5 = 52$; Punktbild: 10 Reihen mit 5 Punkten, eine mit 2.
20. Schritt: $2 + 20 \cdot 5 = 102$; Punktbild: 20 Reihen mit 5 Punkten, eine mit 2.
50. Schritt: $2 + 50 \cdot 5 = 252$; Punktbild: 50 Reihen mit 5 Punkten, eine mit 2.

Seite 177 | Aufgabe 6

a)

Schritt	1. Schritt	2. Schritt	3. Schritt	4 Schritt
Bilderfolge	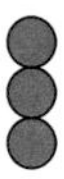			
Rechnung	$1 \cdot 3$	$2 \cdot 3$	$3 \cdot 3$	$4 \cdot 3$
Zahlenfolge	3	6	9	12

b)

Schritt	1. Schritt	2. Schritt	3. Schritt	4 Schritt
Bilderfolge	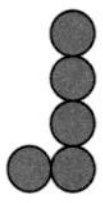	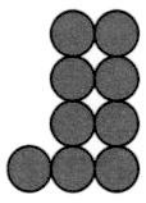	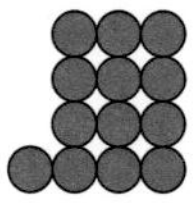	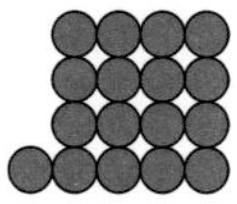
Rechnung	$1 + 1 \cdot 4$	$1 + 2 \cdot 4$	$1 + 3 \cdot 4$	$1 + 4 \cdot 4$
Zahlenfolge	5	9	13	17

Seite 177 | Aufgabe 7

a) Während die ersten beiden Bilder der Bilderfolge mit beiden Vorschriften entstanden sein könnten, wird beim 3. Bild klar, dass die 2. Vorschrift angewandt wurde.

b) 2, 4, 8, 14, 22, 32

Seite 177 | Aufgabe 8

a)

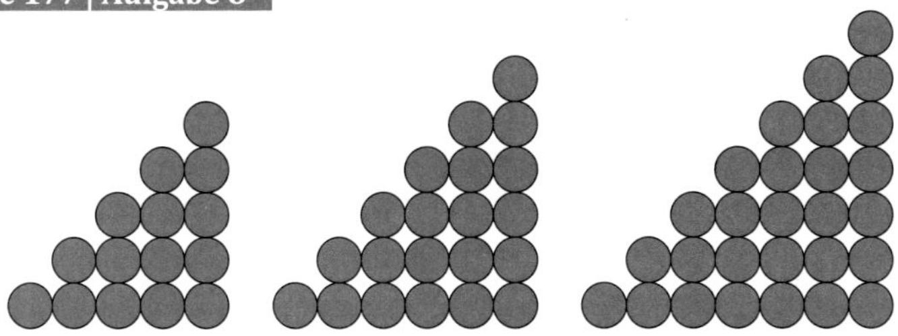

In jedem Bild kommt ein Punkteturm mit jeweils einem Punkt mehr hinzu.

b) 1, 3, 6, 10

c) Startwert: $1 \xrightarrow{+2+3+4\,\dots}$; Zahlenwerte: 1, 3, 6, 10, 15, 21, 28

d) Es werden abwechselnd gerade und ungerade Zahlen addiert. Wir starten mit einer ungeraden Zahl, zu der eine gerade addiert wird, das Ergebnis ist gerade. Hierzu wird eine gerade Zahl addiert (Ergebnis gerade), dann eine ungerade (Ergebnis ungerade). Jetzt haben wir wieder die Situation vom 1. Schritt: Zu einer ungerade Zahl wird eine gerade addiert. Das Muster der Ergebnisse ungerade - gerade - gerade - ungerade setzt sich also immer weiter fort. Theo hat Recht.

e)

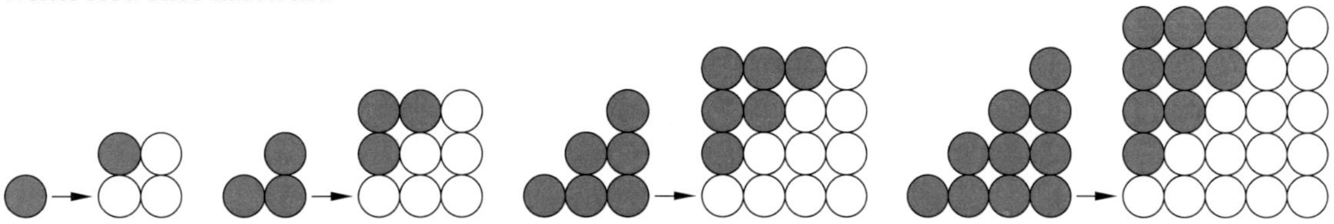

Ja, das gilt immer. Der in jedem Schritt hinzugefügte Punkteturm gleicht nämlich die zusätzliche Reihe aus, die entsteht, wenn man die eine Dreiecksform auf die nächste legt.

f) Seitenlänge 5: 5. und 4. Dreieckszahl zusammenlegen; Seitenlänge 7: 7. und 6. Dreieckszahl; Seitenlänge 10: 10. und 9. Dreieckszahl; Seitenlänge 15: 15. und 14. Dreieckszahl

Seite 178 | Aufgabe 9

a) 1. Turm: 5 sichtbare Quadrate; 2. Turm: 9 sichtbare Quadrate; 3. Turm: 13 sichtbare Quadrate; 4. Turm: 17 sichtbare Quadrate

b) Für 5 Würfel: 21; für 10 Würfel: 41; für 20 Würfel: 81 sichtbare Quadrate.
Allgemein gilt: viermal die Anzahl der Würfel + 1.

Seite 178 | Aufgabe 10

a) ① 2, 6, 8, 10 ② 9, 14, 19, 24, 29

b) Die Anzahl der Würfel steigt in jedem Schritt um 3 statt um 2, die Anzahl der sichtbaren Flächen um 7 statt um 5.

Seite 178 | Aufgabe 11

a) ① Ja ② Nein, denn 4 + 6 ist nicht 16 ③ Ja

b) ① 1, 3, 4, 7, 11 ② 13, 25, 38, 63, 101 ③ 2, 10, 12, 22, 34

Seite 178 | Aufgabe 12

a) 4, 6, 10, 16, 26 b) 12, 2, 14, 16, 30 c) 11, 4, 15, 19, 34 d) 1, 4, 5, 9, 14

Seite 178 | Aufgabe 13

Das stimmt nicht, da die zweite Startzahl einer der Summanden für die vierte Zahl ist.
Beispiel: Mit den Startzahlen 1 und 2 ergibt sich, 1, 2, 3, 6, mit 2 und 1 aber 2, 1, 3, 4.

Seite 178 | Aufgabe 14

a)

1. Zahl	2. Zahl	3. Zahl	4. Zahl	5. Zahl
1	6	7	13	20
2	6	8	14	22
3	6	9	15	24
4	6	10	16	26
5	6	11	17	28
6	6	12	18	30

b) Wenn sich die 1. Zahl um 1 (um 2, um 3, ...) erhöht, so erhöht sich die 5. Zahl um 2 (um 4, um 6, ...), also stets um doppelt so viel wie die 1. Zahl. Das liegt daran, dass sich die 3. und 4. Zahl jeweils um den gleichen Betrag erhöhen wie die 1. Zahl, weil die 2. Zahl ja unverändert bleibt. Die 5. Zahl ist die Summe aus der 3. und 4. Zahl, enthält also beide Erhöhungen, und damit zweimal die ursprüngliche Erhöhung.

c) Beispiel:

1. Zahl	2. Zahl	3. Zahl	4. Zahl	5. Zahl
12	4	16	20	36
19	4	23	27	50
44	4	48	52	100
3	4	7	11	18

6.4 Vermischte Aufgaben

Seite 179 | Aufgabe 1

a) Alle nicht durchgestrichenen (unterstrichenen) Zahlen sind Primzahlen.

b) 2, 3, 5, 7, 11, 13, 17, 19, 23, 29, 31, 37, 41, 43, 47, 53, 59, 61, 67, 71, 73, 79, 83, 89, 97
Der Primfaktor einer zusammengesetzten Zahl muss stets kleiner oder gleich ihrer Wurzel sein. Da bereits $11^2 = 121$ nicht mehr zwischen 1 und 100 liegt, werden ab 11 keine zusammengesetzten Zahlen mehr markiert; alle noch unmarkierten Zahlen sind also Primzahlen.

Seite179 | Aufgabe 2

4 6

$2520 = 1 \cdot 2 \cdot 2 \cdot 2 \cdot 3 \cdot 3 \cdot 5 \cdot 7$

8 9

Zuerst werden alle einstelligen Primzahlen multipliziert und dann um die fehlenden Primfaktoren ergänzt, um auch die 4, 6, 8 und 9 zu erzeugen.

Seite 179 | Aufgabe 3

Blaue Blüte: 3

Gelbe Blüte: 48 (Teiler: 2, 3, 4, 6, 8, 12, 16, 24)

Rote Blüte: 18

Grüne Blüte: Eine solche Zahl existiert nicht, denn bei einer ungeraden Teilerzahl muss es sich in jedem Fall um eine Quadratzahl handeln. Es kommen also nur die Zahlen 9, 16, 25 und 36 in Frage, von denen jedoch keine genau 5 Teiler hat.

Lila Blüte Beispiel: Ich habe 3 Teiler und bin kleiner als 30 (Lösung: 16).

Seite 179 | Aufgabe 4

Beim Losstand sowie bei Kaffee und Kuchen muss ein Fehler unterlaufen sein, denn weder 242 € noch 466 € sind Vielfache von 3 €. Die anderen Beträge können stimmen.

Seite 179 | Aufgabe 5

Möglich sind 31 Teilnehmer, denn $31 = 2 \cdot 15 + 1$, $31 = 3 \cdot 10 + 1$ und $31 = 5 \cdot 6 + 1$.
Ebenso könnten es 61, 91 usw. Teilnehmer sein.

Seite 179 | Aufgabe 6

a) Linie 320: alle 4 min; Linie 460: alle 6 min; Linie 840: alle 10 min

b) Um 7:20 Uhr, denn das kleinste gemeinsame Vielfache von 4, 6 und 10 ist 60.

c) Von 7:00 bis 22.00 jeweils einmal pro Stunde, also insgesamt 16 Mal.

7. Brüche und Dezimalzahlen

7.1 Anteile vom Ganzen – Brüche

Seite 186 | Einstieg

Schneidet man den Kuchen in waagrecht in fünf und senkrecht in vier Streife, so erhält man 20 gleich große Stücke.

Seite 186 | Aufgabe 1

a) $\frac{1}{4}$ b) $\frac{1}{2}$ c) $\frac{1}{5}$ d) $\frac{1}{10}$ e) $\frac{1}{5}$

Seite 187 | Aufgabe 2

a) $\frac{2}{3}$ b) $\frac{3}{4}$ c) $\frac{6}{10}$ d) $\frac{3}{6}$

e) $\frac{4}{16}$ f) $\frac{2}{8}$ g) $\frac{4}{5}$

Seite 187 | Aufgabe 3

a) $\frac{7}{16}$ sind blau; $\frac{9}{16}$ sind gelb

b) $\frac{4}{8}$ sind blau; $\frac{4}{8}$ sind gelb

c) $\frac{18}{27}$ sind blau; $\frac{9}{27}$ sind gelb

d) $\frac{1}{2}$ sind blau; $\frac{1}{2}$ sind gelb

e) $\frac{3}{8}$ sind blau; $\frac{5}{8}$ sind gelb

Seite 187 | Aufgabe 4

a) ① $\frac{1}{3}$; ② $\frac{1}{8}$; ③ $\frac{1}{3}, \frac{1}{6}$; ④ $\frac{1}{3}, \frac{1}{9}$; ⑤ $\frac{1}{5}$

b) $\frac{4}{8}$ bei ②; $\frac{5}{6}$ bei ③; $\frac{3}{5}$ bei ⑤

c) $\frac{2}{7}$ und $\frac{3}{10}$ lassen sich mit keiner dieser Figuren darstellen.

Seite 188 | Aufgabe 5

a) $\frac{1}{2}$

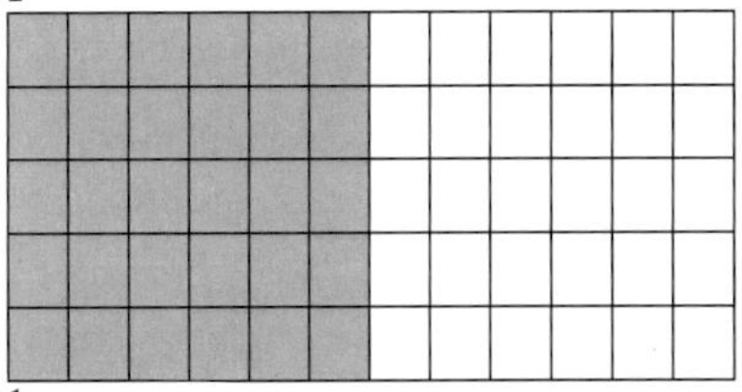

b) $\frac{1}{3}$

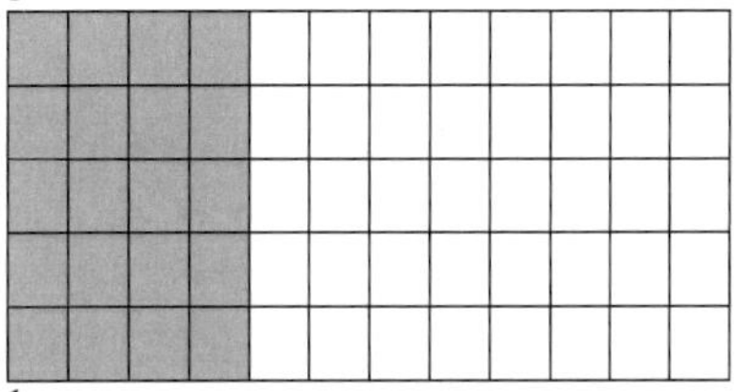

c) $\frac{1}{6}$

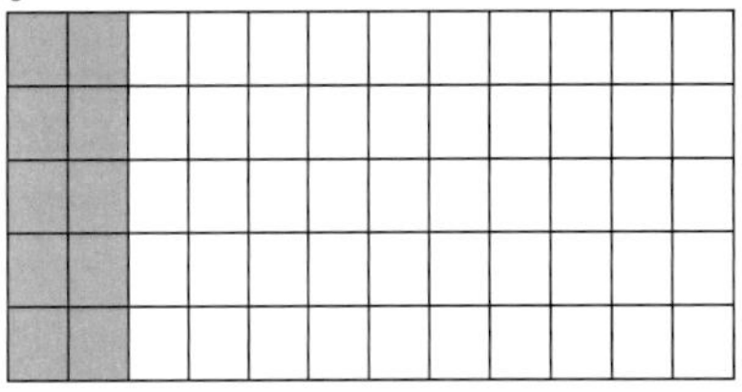

d) $\frac{1}{5}$

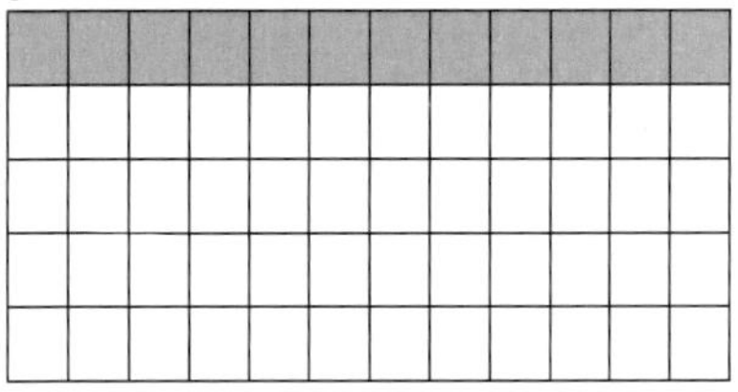

e) $\frac{1}{12}$

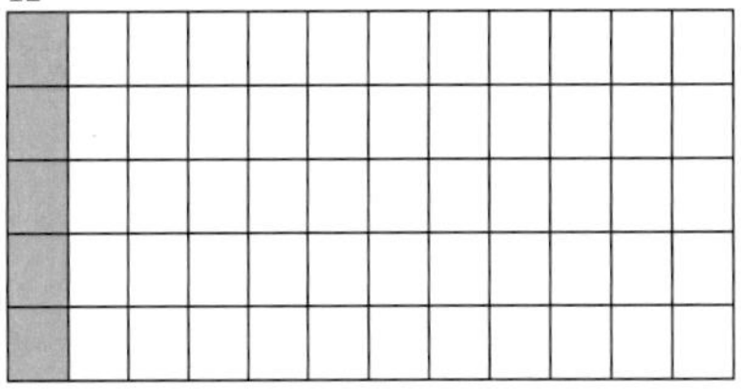

Seite 188 | Aufgabe 6

a) $\frac{3}{4}$

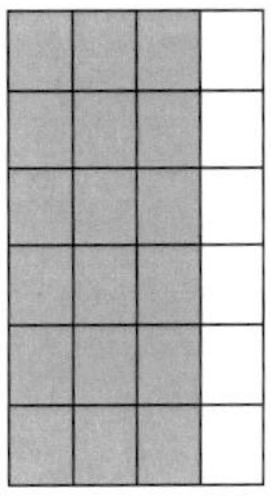

b) $\frac{3}{6}$

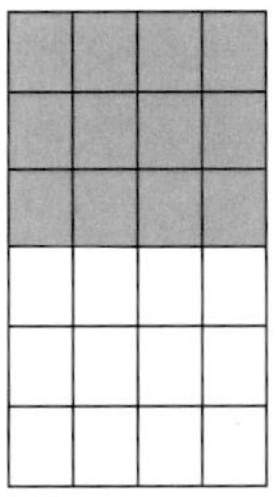

c) $\frac{1}{4}$

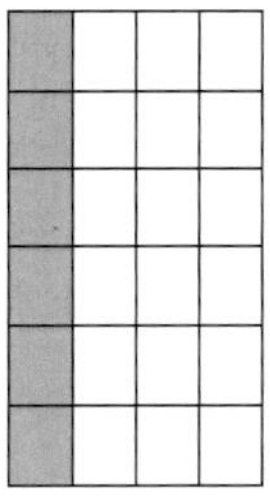

d) $\frac{5}{6}$

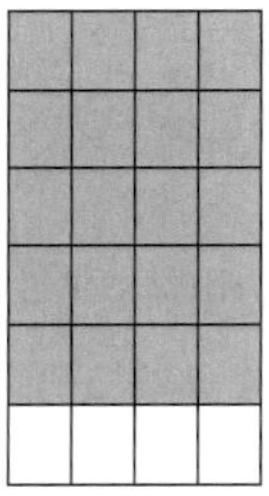

e) $\frac{2}{3}$

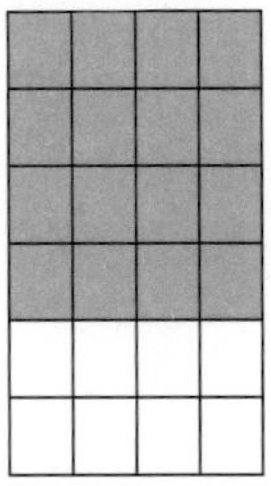

f) $\frac{3}{8}$

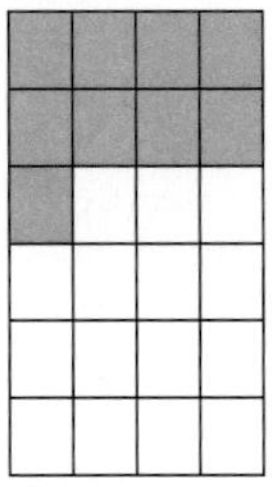

g) $\frac{5}{12}$

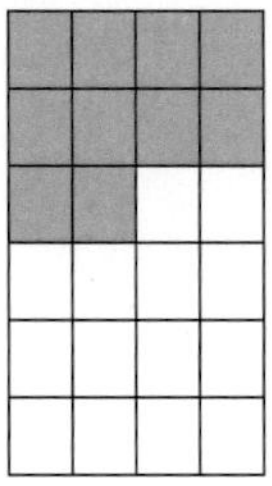

h) $\frac{7}{24}$

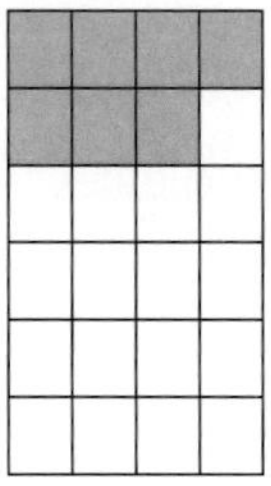

Seite 188 | Aufgabe 7

a) Alle Bilder stellen den Bruch $\frac{3}{4}$ dar, weil ein Ganzes in vier gleich große Teile geteilt wurde und jeweils drei von diesen vier Teilen gefärbt sind.

b) Der Anteil $\frac{3}{4}$ kann unterschiedlich groß sein, weil ein Bruch nur Teile vom Ganzen beschreibt. Der gefärbte Anteil beträgt aber in beiden Fällen 3 von 4 Teilen, also $\frac{3}{4}$.

c) individuelle Lösungen

Seite 188 | Aufgabe 8

a) ① $\frac{1}{2}$

② $\frac{2}{3}$

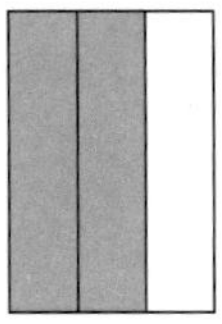

③ $\frac{1}{8}$

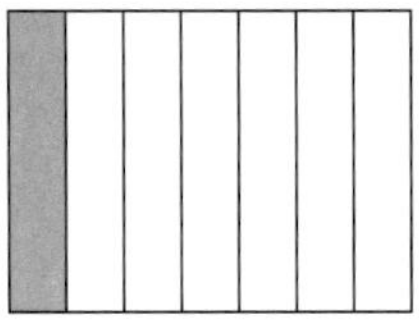

④ $\frac{5}{6}$

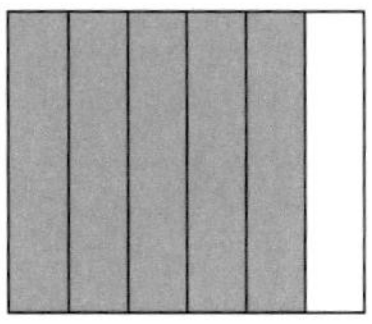

⑤ $\frac{7}{12}$

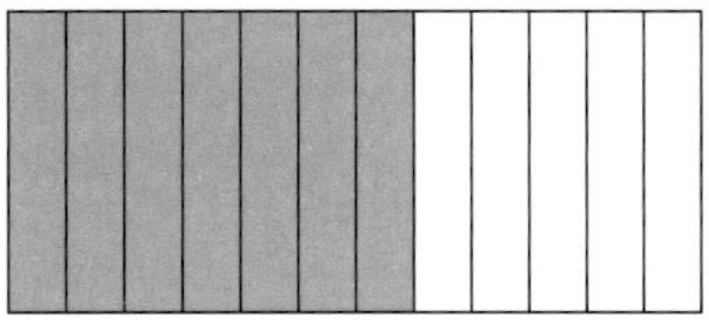

b) Ungefärbt: $\frac{1}{2}$ $\frac{1}{3}$ $\frac{7}{8}$ $\frac{1}{6}$ $\frac{5}{12}$

Seite 188 | Aufgabe 9

a) Die Zeichnung ist falsch, da die Anteile nicht gleich groß sind.

b) Die Zeichnung ist falsch: Die Anteile sind zwar gleich groß, aber die Einteilung des Ganzen ist nicht in 3 gleich große Anteile geschehen, sondern in 5 Teile.

c) Beide Zeichnungen sind korrekt. Es wurde in 5 gleich große Teile geteilt und zwei Anteile wurden markiert.

d) Diese Figur wurde in sechs gleich große Teile geteilt. Zwei von ihnen sind gefärbt, also $\frac{2}{6}$. Der Grafik kann man jedoch entnehmen, dass 2 mal $\frac{1}{6}$ genau $\frac{1}{3}$ sind.

Seite 188 | Aufgabe 10

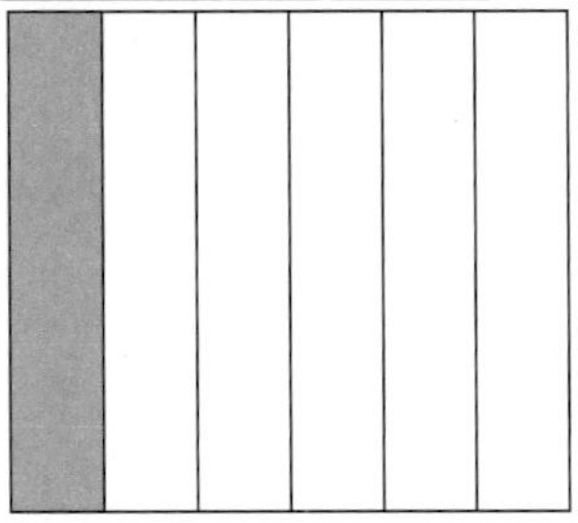

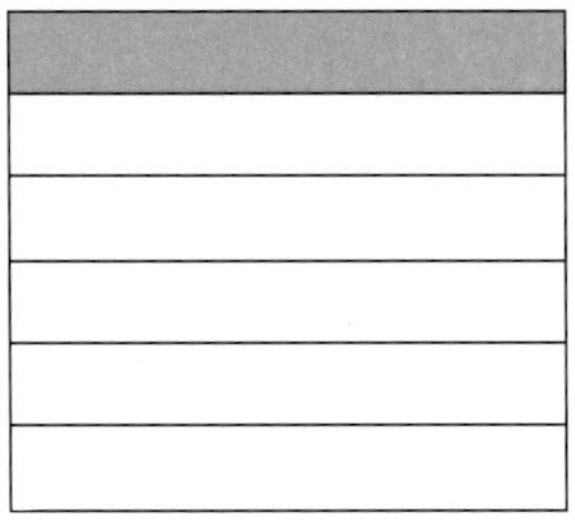

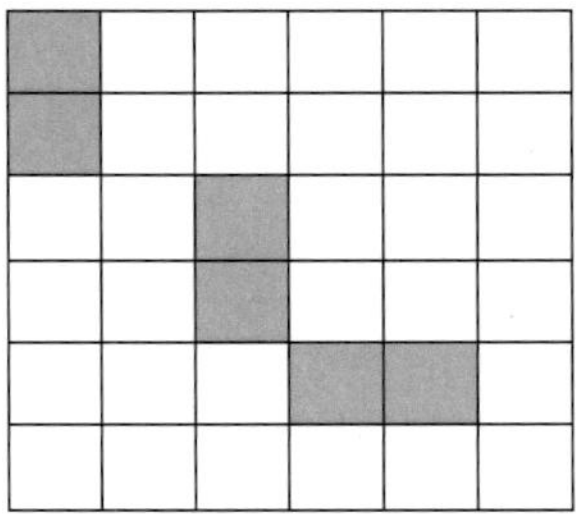

Seite 188 | Aufgabe 11

Miriam bekommt $\frac{1}{4}$ vom ganzen Schokoriegel, Petra ebenfalls, Nina $\frac{1}{2}$.

Seite 189 | Aufgabe 12

a) 10 Teile b) 8 Teile c) 7 Teile d) 2 Teile e) 3 Teile

Seite 189 | Aufgabe 13

a) $\frac{1}{3}$ b) $\frac{2}{8}$ c) $\frac{1}{2}$ d) $\frac{8}{9}$ e) $\frac{4}{15}$

Seite 189 | Aufgabe 14

a) 6 Stück wurden verzehrt und 14 sind übrig. Also bestand der Kuchen ursprünglich aus 20 Stücken.

b) $\frac{6}{20}$ vom ganzen Kuchen wurden gegessen.

c) Max aß $\frac{2}{20}$ und Tom $\frac{1}{20}$.

Seite 189 | Aufgabe 15

a) $\frac{4}{6}\left(\text{oder } \frac{4}{9}\right)$

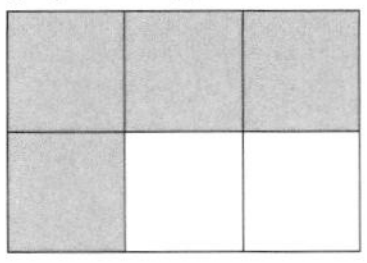

b) $\frac{1}{2}\left(\text{oder } \frac{1}{4}\right)$

c) $\frac{1}{4}\left(\text{oder } \frac{1}{2}\right)$

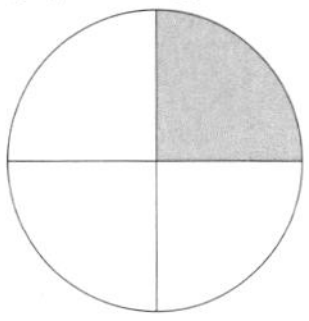

d) $\frac{4}{8}\left(\text{oder } \frac{4}{16}\right)$

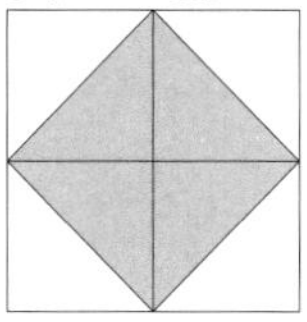

Seite 189 | Aufgabe 16

a) $\frac{4}{6} < \frac{5}{6}$ weil 5 gleich große Anteile mehr sind als 4 genauso große Anteile.

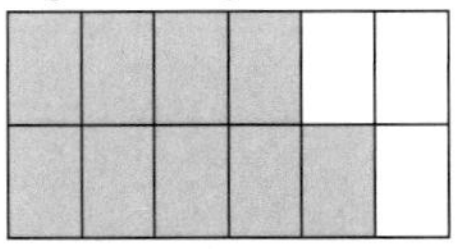

b) $\frac{1}{4} > \frac{1}{5}$, weil ein Teil kleiner ist, wenn man eine Figur in mehr Teile aufteilt.

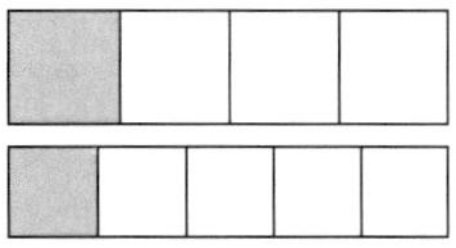

Seite 189 | Aufgabe 17

a) ① $\frac{5}{8}$; ② $\frac{3}{4}$

b) $\frac{3}{4} > \frac{5}{8}$

c) $\frac{1}{2} > \frac{3}{8} > \frac{1}{4}$

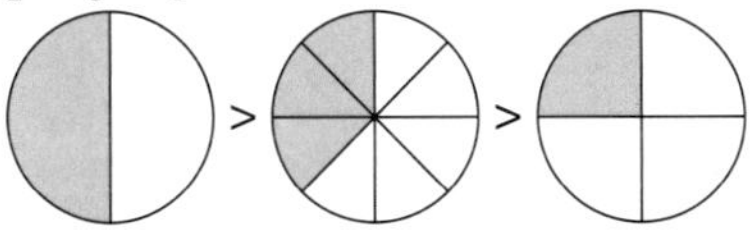

d) Je größer die Anzahl der Stücke, desto kleiner werden die Stücke. Wie viel Pizza man bekommt, wird also durch den Anteil am Ganzen bestimmt, nicht durch die Anzahl der (evtl. sehr kleinen) Stücke.

Seite 189 | Aufgabe 18

Streifzug: Triff den Bruch

Seite 190 | Einstieg

Blaues Rechteck links oben: $\frac{3}{36}$; gelbes Rechteck darunter: $\frac{6}{36}$; rotes Rechteck darunter: $\frac{2}{36}$; gelber Streifen in der zweiten Reihe von unten: $\frac{6}{36}$; blaues Rechteck links unten: $\frac{2}{36}$; gelbes Dreieck rechts oben: $\frac{4}{36}$; blaues Dreieck rechts oben: $\frac{4}{36}$; rotes Rechteck rechts unten: $\frac{4}{36}$.

Seite 190 | Aufgabe 1

Nach der Spielregel Max gewinnt Stein D, nach der Spielregel Min Stein C.

7.2 Unechte Brüche und gemischte Zahlen

Seite 191 | Einstieg

Es gibt noch 17 Waffelherzen. Wenn jeder noch 4 Waffelherzen ist, bleibt eines übrig.

Seite 192 | Aufgabe 1

a) $\frac{7}{4} = 1\frac{3}{4}$ b) $\frac{8}{3} = 2\frac{2}{3}$ c) $\frac{15}{4} = 3\frac{3}{4}$ d) $\frac{17}{5} = 3\frac{2}{5}$ e) $\frac{15}{6} = 2\frac{3}{6}$

f) $\frac{6}{4} = 1\frac{2}{4}$ g) $\frac{27}{18} = 1\frac{9}{18}$ h) $\frac{26}{16} = 1\frac{10}{16}$

Seite 192 | Aufgabe 2

a) $\frac{5}{4}$ b) $\frac{7}{3}$ c) $\frac{9}{2}$ d) $\frac{36}{10}$ e) $\frac{24}{5}$

Seite 192 | Aufgabe 3

Sarah hat Recht.

Seite 192 | Aufgabe 4

a) $\frac{5}{2}$	b) $\frac{13}{4}$	c) $\frac{15}{4}$	d) $\frac{5}{3}$	e) $\frac{10}{3}$
f) $\frac{29}{6}$	g) $\frac{13}{5}$	h) $\frac{16}{5}$	i) $\frac{49}{10}$	j) $\frac{10}{7}$
k) $\frac{19}{7}$	l) $\frac{59}{14}$	m) $\frac{103}{100}$	n) $\frac{521}{100}$	o) $\frac{357}{100}$

Seite 192 | Aufgabe 5

a) 2	b) 4	c) 1	d) 5	e) 3
f) 3	g) 17	h) 1	i) 3	j) 13

Seite 193 | Aufgabe 6

a) $1\frac{1}{2}$

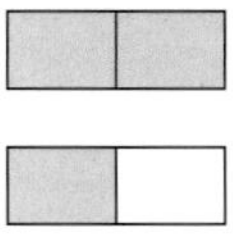

b) $1\frac{2}{3}$

c) $2\frac{1}{3}$

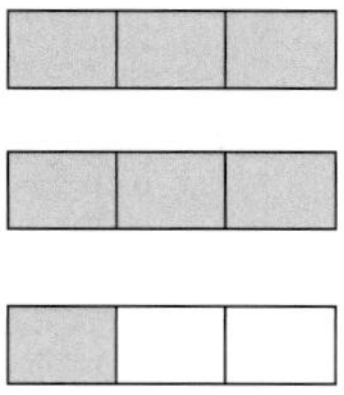

d) $1\frac{4}{6}$

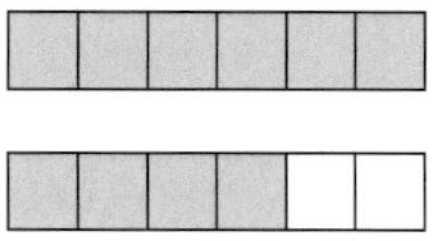

e) $3\frac{1}{4}$

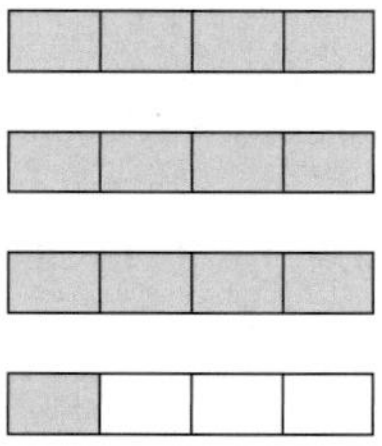

Seite 193 | Aufgabe 7

a) $2\frac{1}{2}$	b) $5\frac{1}{2}$	c) $3\frac{3}{4}$	d) $5\frac{1}{4}$	e) $1\frac{1}{3}$
f) $3\frac{2}{3}$	g) $1\frac{4}{6}$	h) $1\frac{2}{5}$	i) $1\frac{7}{10}$	j) $2\frac{3}{10}$
k) $2\frac{1}{7}$	l) $2\frac{1}{14}$	m) $1\frac{1}{100}$	n) $2\frac{11}{100}$	o) $4\frac{91}{100}$

Seite 193 | Aufgabe 8

Der Bruch $2\frac{1}{2}$ beschreibt 2 Ganze und ein halbes Ganzes, nicht zwei Halbe. Zur Darstellung kann man zwei volle Kreise zeichnen und noch einen halben Kreis dazu. Ebenso bei $3\frac{1}{3}$: Der Bruch beschreibt 3 Ganze und ein Drittel eines Ganzen. Das sind drei komplett gefärbte Kreise und ein vierter Kreis, der nur zu einem Drittel gefärbt wird.

Seite 193 | Aufgabe 9

a) $\frac{23}{5}$	b) $2\frac{4}{10}$	c) $1\frac{75}{100}$	d) $2\frac{5}{6}$
e) $\frac{29}{8}$	f) $6\frac{3}{10}$	g) $7\frac{3}{10}=\frac{73}{10}$	h) $5\frac{11}{12}=\frac{71}{12}$

Seite 193 | Aufgabe 10

a) $\frac{30}{10}$ und $\frac{12}{4}$	b) $\frac{10}{10}$ und $\frac{4}{4}$	c) $\frac{60}{10}$ und $\frac{24}{4}$
d) $\frac{100}{10}$ und $\frac{40}{4}$	e) $\frac{140}{10}$ und $\frac{56}{4}$	f) $\frac{180}{10}$ und $\frac{72}{4}$

Seite 193 | Aufgabe 11

Ein Bruch stellt eine natürliche Zahl dar, wenn man Zähler durch Nenner ohne Rest teilen kann.

a) $\frac{30}{5}=6$	b) keine natürliche Zahl	c) $\frac{64}{2}=32$
d) keine natürliche Zahl	e) $\frac{45}{9}=5$	f) $\frac{84}{7}=12$

Seite 193 | Aufgabe 12

a) Weniger als ein Ganzes sind die Brüche $\frac{5}{7}$ und $\frac{11}{12}$.

b) Mehr als ein Ganzes und weniger als zwei Ganze sind die Brüche: $1\frac{4}{9}, \frac{13}{8}, \frac{7}{4}$ und $\frac{12}{11}$.

c) Mehr als zwei Ganze sind folgende Brüche: $3\frac{1}{2}, \frac{5}{2}$ und $\frac{7}{3}$.

$\frac{20}{10}$ sind genau 2: $\frac{20}{10}=2$.

Seite 193 | Aufgabe 13

a) $1\frac{1}{2}+\frac{1}{2}=2$: Es fehlt $\frac{1}{2}$.	b) $2\frac{3}{4}+\frac{1}{4}=3$: Es fehlt $\frac{1}{4}$.	c) $4\frac{1}{3}+\frac{2}{3}=5$: Es fehlt $\frac{2}{3}$.
d) $\frac{9}{2}+\frac{1}{2}=5$: Es fehlt $\frac{1}{2}$.	e) $\frac{24}{7}+\frac{4}{7}=4$: Es fehlt $\frac{4}{7}$.	f) $\frac{59}{10}+\frac{1}{10}=6$: Es fehlt $\frac{1}{10}$.

Seite 193 | Aufgabe 14

a) ① $\frac{13}{5}$=2 Rest 3 ② $\frac{32}{8}$=4 Rest 0 ③ $\frac{29}{7}$= 4 Rest 1 ④ $\frac{37}{10}$ =3 Rest 7

b) Die Division mit Rest ist eine Möglichkeit, einen unechten Bruch in eine natürliche oder gemischte Zahl umzuwandeln. Es wird der Zähler durch den Nenner dividiert. Daraus ergibt sich eine ganze Zahl und ein Rest. Dieser Rest ist immer kleiner als der Nenner und entspricht dem Bruchteil der gemischten Zahl.

7.3 Brüche erweitern und kürzen

Seite 194 | Einstieg

Jettes Mutter hat Recht – die Apfelkuchenstücke sind größer als die Stücke von der Erdbeertorte. Der Apfelkuchen wurde in 8 Stücke geteilt, von denen noch zwei übrig sind, die Erdbeertorte ist in 12 Stücke geschnitten, von denen noch 3 da sind. Das ist jeweils ein Viertel des gesamten Kuchens.

Seite 194 | Aufgabe 1

a) $\frac{2}{3}=\frac{4}{6}$ b) $\frac{1}{3}=\frac{3}{9}$ c) $\frac{2}{4}=\frac{4}{8}$ d) $\frac{1}{2}=\frac{3}{6}$ e) $\frac{4}{6}=\frac{8}{12}$

Seite 195 | Aufgabe 2

Der Bruch $\frac{1}{3}$ lässt sich durch eine verfeinerte Darstellung zu $\frac{2}{6}$ umformen. Jede Spalte wurde halbiert. Weitere möglichen verfeinerten Darstellungen sind z. B. $\frac{1}{3}=\frac{3}{9}$; $\frac{1}{3}=\frac{4}{12}$; $\frac{1}{3}=\frac{5}{15}$.

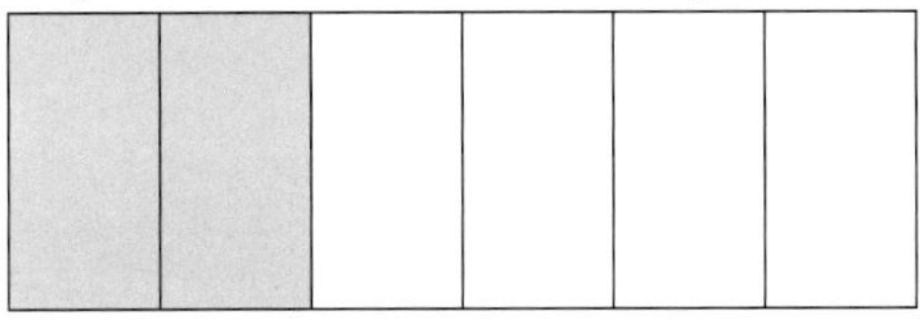

Seite 195 | Aufgabe 3

a) $\frac{1}{2}=\frac{1}{2}\cdot\frac{6}{6}=\frac{6}{12}$ b) $\frac{2}{3}=\frac{2}{3}\cdot\frac{4}{4}=\frac{8}{12}$ c) $\frac{4}{5}=\frac{4}{5}\cdot\frac{3}{3}=\frac{12}{15}$ d) $\frac{3}{7}=\frac{3}{7}\cdot\frac{4}{4}=\frac{12}{28}$

e) $\frac{9}{14}=\frac{9}{14}\cdot\frac{4}{4}=\frac{36}{56}$ f) $\frac{9}{5}=\frac{9}{5}\cdot\frac{4}{4}=\frac{36}{20}$ g) $\frac{11}{3}=\frac{11}{3}\cdot\frac{7}{7}=\frac{77}{21}$ h) $\frac{12}{25}=\frac{12}{25}\cdot\frac{8}{8}=\frac{96}{200}$

Seite 195 | Aufgabe 4

	2	3	5	10
$\frac{1}{2}$	$\frac{2}{4}$	$\frac{3}{6}$	$\frac{5}{10}$	$\frac{10}{20}$
$\frac{3}{4}$	$\frac{6}{8}$	$\frac{9}{12}$	$\frac{15}{20}$	$\frac{30}{40}$
$\frac{2}{5}$	$\frac{4}{10}$	$\frac{6}{15}$	$\frac{10}{25}$	$\frac{20}{50}$
$\frac{7}{12}$	$\frac{14}{24}$	$\frac{21}{36}$	$\frac{35}{60}$	$\frac{70}{120}$

Seite 195 | Aufgabe 5

a) $\frac{6}{9}=\frac{2}{3}$ b) $\frac{8}{10}=\frac{4}{5}$ c) $\frac{12}{16}=\frac{3}{4}$

Seite 195 | Aufgabe 6

Der Bruch $\frac{6}{8}$ lässt sich durch eine gröbere Aufteilung in $\frac{3}{4}$ umformen. Zwei Spalten wurden verbunden. Eine andere gröbere Aufteilung ist nicht möglich.

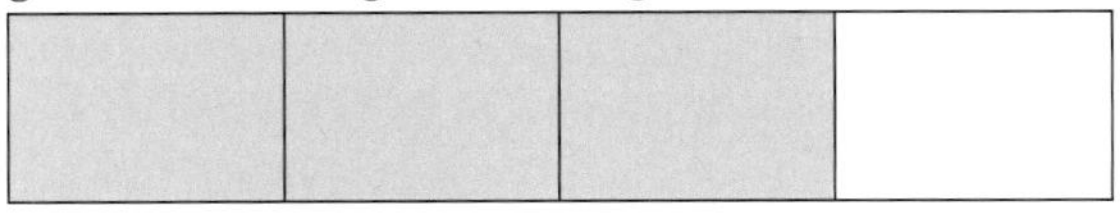

Seite 196 | Aufgabe 7

a) Kürzen durch 2: $\frac{2}{3},\frac{4}{5},\frac{6}{7},\frac{12}{18},\frac{42}{50}$

b) Kürzen durch 3: $\frac{1}{3},\frac{4}{6},\frac{3}{5},\frac{14}{15},\frac{9}{6}$

c) Kürzen durch 5: $\frac{3}{5},\frac{9}{12},\frac{3}{8},\frac{2}{12},\frac{3}{7}$

d) Kürzen durch 8: $\frac{1}{2},\frac{3}{7},\frac{2}{8},\frac{4}{6},\frac{5}{2}$

e) Kürzen durch 6: $\frac{1}{2},\frac{4}{3},\frac{1}{5},\frac{2}{10},\frac{3}{1}$

f) Kürzen durch 9: $\frac{2}{3},\frac{6}{10},\frac{4}{5},\frac{6}{3},\frac{8}{9}$

Seite 196 | Aufgabe 8

	2	3	4	5
$\frac{60}{84}$	$\frac{30}{42}$	$\frac{20}{28}$	$\frac{15}{21}$	nicht möglich
$\frac{40}{120}$	$\frac{20}{60}$	nicht möglich	$\frac{10}{30}$	$\frac{8}{24}$
$\frac{48}{88}$	$\frac{24}{44}$	nicht möglich	$\frac{12}{22}$	nicht möglich
$\frac{50}{55}$	nicht möglich	nicht möglich	nicht möglich	$\frac{10}{11}$

Seite 196 | Aufgabe 9

a) $\frac{16}{20} = \frac{4}{5}$ b) $\frac{6}{28} = \frac{3}{14}$ c) $\frac{24}{36} = \frac{12}{18} = \frac{2}{3}$ d) $\frac{64}{48} = \frac{16}{12} = \frac{4}{3}$

e) $\frac{9}{24} = \frac{3}{8}$ f) $\frac{40}{100} = \frac{4}{10} = \frac{2}{5}$ g) $\frac{36}{54} = \frac{4}{6} = \frac{2}{3}$ h) $\frac{120}{96} = \frac{30}{24} = \frac{5}{4}$

i) $\frac{124}{120} = \frac{62}{60} = \frac{31}{30}$ j) $\frac{36}{144} = \frac{1}{4}$ k) $\frac{105}{63} = \frac{35}{21} = \frac{5}{3}$ l) $\frac{180}{360} = \frac{1}{2}$

Seite 196 | Aufgabe 10

a) $\frac{8:2}{24:2} = \frac{4}{12}$ b) $\frac{6}{8} \cdot \frac{2}{2} = \frac{12}{16}$ c) $\frac{1}{4} \cdot \frac{4}{4} = \frac{4}{16}$

Seite 196 | Aufgabe 11

a) $\frac{1}{2} \cdot \frac{12}{12} = \frac{12}{24}$; erweitert mit 12 b) $\frac{5}{3} \cdot \frac{8}{8} = \frac{40}{24}$; erweitert mit 8 c) $\frac{1}{4} \cdot \frac{6}{6} = \frac{6}{24}$; erweitert mit 6

d) $\frac{7}{6} \cdot \frac{4}{4} = \frac{28}{24}$; erweitert mit 4 e) $\frac{3}{8} \cdot \frac{3}{3} = \frac{9}{24}$; erweitert mit 3 f) $\frac{17}{12} \cdot \frac{2}{2} = \frac{34}{24}$; erweitert mit 2

Seite 196 | Aufgabe 12

a) $\frac{4:2}{6:2} = \frac{2}{3}$; gekürzt mit 2 b) $\frac{6:3}{9:3} = \frac{2}{3}$; gekürzt mi 3 c) $\frac{18:9}{27:9} = \frac{2}{3}$; gekürzt mit 9

d) $\frac{33}{33} = \frac{3}{3}$; gekürzt mit 11 e) $\frac{27:27}{81:27} = \frac{1}{3}$; gekürzt mit 27 f) $\frac{96:24}{72:24} = \frac{4}{3}$; gekürzt mit 24

Seite 196 | Aufgabe 13

a) $\frac{3}{4} = \frac{9}{12}$; (3) b) $\frac{36}{40} = \frac{9}{10}$; (4) c) $\frac{7}{28} = \frac{1}{4}$; (7) d) $\frac{15}{25} = \frac{3}{5}$; (5)

e) $\frac{21}{56} = \frac{3}{8}$; (7) f) $\frac{2}{3} = \frac{16}{24}$; (8) g) $\frac{5}{6} = \frac{15}{18}$; (3) h) $\frac{81}{45} = \frac{9}{5}$; (9)

i) $\frac{12}{28} = \frac{3}{7}$; (4) j) $\frac{36}{24} = \frac{3}{2}$; (12) k) $\frac{5}{8} = \frac{35}{56}$; (7) l) $\frac{12}{13} = \frac{144}{156}$; (12)

Seite 197 | Aufgabe 14

$\frac{1}{12}; \frac{5}{12}; \frac{7}{12}; \frac{11}{12}$

Seite 197 | Aufgabe 15

a) richtig b) $\frac{30:2}{44:2} = \frac{15}{22}$ c) $\frac{4}{12} = \frac{1}{3}$ d) richtig

e) $\frac{25}{45} = \frac{5}{9}$ f) $\frac{35}{56} = \frac{5}{8}$ g) $\frac{21}{126} = \frac{7}{42} = \frac{1}{6}$ h) $\frac{28}{200} = \frac{7}{50}$

Seite 197 | Aufgabe 16

a) ① $\frac{12}{18} = \frac{6}{9} = \frac{2}{3}$ ② $\frac{42}{30} = \frac{21}{15} = \frac{7}{5}$ ③ $\frac{90}{150} = \frac{45}{75} = \frac{3}{5}$ ④ $\frac{144}{108} = \frac{72}{54} = \frac{4}{3}$

b) ① $\frac{12}{18} = \frac{4}{6} = \frac{2}{3}$ ② $\frac{42}{30} = \frac{14}{10} = \frac{7}{5}$ ③ $\frac{90}{150} = \frac{30}{50} = \frac{3}{5}$ ④ $\frac{144}{108} = \frac{48}{36} = \frac{4}{3}$

c) Es spielt keine Rolle in welcher Reihenfolge gekürzt wird. Das Ergebnis bleibt dasselbe.

Seite 197 | Aufgabe 17

a) $\frac{4}{12}, \frac{1}{3}, \frac{2}{6}$ b) $\frac{4}{8}, \frac{1}{2}, \frac{2}{4}$ c) $\frac{4}{16}, \frac{1}{4}, \frac{2}{8}$

Seite 197 | Aufgabe 18

a) $\frac{1}{5} = \frac{2}{10} = \frac{5}{25} = \frac{10}{50}$ b) $\frac{4}{3} = \frac{16}{12} = \frac{8}{6} = \frac{40}{30}$ c) $\frac{7}{14} = \frac{1}{2} = \frac{70}{140} = \frac{21}{42}$

d) $\frac{30}{70} = \frac{3}{7} = \frac{6}{14} = \frac{60}{140}$ e) $\frac{48}{72} = \frac{24}{36} = \frac{12}{18} = \frac{2}{3} = \frac{96}{144}$ f) $\frac{55}{22} = \frac{5}{2} = \frac{10}{4} = \frac{50}{20}$

Seite 197 | Aufgabe 19

a) $\frac{10}{100}$ b) $\frac{50}{100}$ c) $\frac{120}{100}$ c) $\frac{12}{100}$ d) $\frac{75}{100}$ e) $\frac{14}{100}$

Seite 197 | Aufgabe 20

a) $\frac{2}{12} \cdot \frac{4}{4} = \frac{8}{48}$

b) $\frac{3:3}{12:3} = \frac{1}{4} \neq \frac{1}{3}$

c) $\frac{36:6}{54:6} = \frac{6}{9} \cdot \frac{7}{7} = \frac{42}{63} \neq \frac{49}{63} = \frac{7}{9}$

d) $\frac{40:10}{50:10} = \frac{4}{5} \cdot \frac{18}{18} = \frac{72}{90} \neq \frac{72}{96} = \frac{3}{4}$

Seite 197 | Aufgabe 21

a) z.B. $\frac{3}{9}$ b) z.B. $\frac{2}{5}$ c) z.B. $\frac{100}{400}$ d) z.B. $\frac{80}{120}$

Seite 197 | Aufgabe 22

a) ① $\frac{54}{81} = \frac{18}{27} = \frac{2}{3}$ ② $\frac{66}{42} = \frac{33}{21} = \frac{11}{7}$ ③ $\frac{36}{108} = \frac{18}{54} = \frac{9}{27} = \frac{1}{3}$

b) ① Teiler von 54: {1,2,3,6,9,18,27,54} Teiler von 81: {1,3,9,27,81}

② Teiler von 66: {1,2,3,6,11,22,33,66} Teiler von 42: {1,2,3,6,7,14,21,42}

③ Teiler von 36: {1,2,3,4,6,9,12,18,36} Teiler von 108: {1,2,3,4,6,9,12,18,27,36,54,108}

c) ① 3, 9, 27 ② 2, 3, 6 ③ 2, 3, 4, 6, 9, 12, 18, 36

d) ① $\frac{54:27}{81:27} = \frac{2}{3}$ ② $\frac{66:6}{42:6} = \frac{11}{7}$ ③ $\frac{36:36}{108:36} = \frac{1}{3}$

e) Man kann einen Bruch so weit wie möglich kürzen, indem man mit dem größten gemeinsamen Teiler kürzt.

7.4 Brüche vergleichen und ordnen

Seite 198 | Einstieg

Anteil rot: Österreich: $\frac{2}{3}$; Polen: $\frac{1}{2}$; Niederlande: $\frac{1}{3}$; Madagaskar: $\frac{1}{3}$

Bezüglich des Anteils Rot an der Flagge gilt also:

Österreich > Polen > Niederlande > Madagaskar

Seite 199 | Aufgabe 1

a) $\frac{2}{4} = \frac{4}{8} < \frac{5}{8}$ b) $\frac{3}{5} = \frac{6}{10}$ c) $\frac{1}{3} = \frac{3}{9} < \frac{4}{9}$

Seite 199 | Aufgabe 2

a) $\frac{3}{5} < \frac{4}{5}$ b) $\frac{3}{4} = \frac{9}{12} > \frac{2}{3} = \frac{8}{12}$ c) $\frac{3}{4} = \frac{9}{12} > \frac{7}{12}$ d) $\frac{2}{3} = \frac{10}{15} > \frac{3}{5} = \frac{9}{15}$ e) $\frac{7}{8} > \frac{3}{4} = \frac{6}{8}$

Seite 199 | Aufgabe 3

a) $\frac{2}{5} < \frac{3}{5}$ b) $\frac{7}{9} > \frac{4}{9}$ c) $\frac{5}{12} < \frac{10}{12}$ d) $\frac{6}{2} > \frac{1}{2}$ e) $\frac{12}{3} < \frac{17}{3}$

Seite 199 | Aufgabe 4

a) $\frac{3}{4} > \frac{4}{8}$ b) $\frac{1}{8} < \frac{5}{24}$ c) $\frac{3}{10} < \frac{1}{2}$ d) $\frac{14}{18} = \frac{7}{9}$ e) $\frac{15}{21} > \frac{8}{14}$

f) $\frac{6}{7} > \frac{3}{4}$ g) $\frac{3}{8} < \frac{4}{7}$ h) $\frac{3}{4} > \frac{5}{8}$ i) $\frac{11}{18} < \frac{4}{6}$ j) $\frac{7}{8} < \frac{9}{10}$

k) $\frac{3}{2} < \frac{7}{4}$ l) $\frac{10}{12} = \frac{40}{48}$ m) $\frac{3}{8} > \frac{2}{7}$ n) $\frac{1}{32} > \frac{1}{64}$ o) $\frac{13}{20} > \frac{31}{50}$

Seite 199 | Aufgabe 5

a) $\frac{1}{4} < \frac{1}{3} < \frac{5}{12}$ b) $\frac{1}{12} < \frac{1}{8} < \frac{3}{12}$ c) $\frac{1}{3} < \frac{1}{2} < \frac{2}{3}$

Seite 199 | Aufgabe 6

a) $\frac{2}{3} = \frac{6}{9}; \frac{1}{3} = \frac{3}{9} \Rightarrow \frac{3}{9} < \frac{4}{9} < \frac{6}{9}$

b) $\frac{1}{2} = \frac{4}{8}; \frac{3}{4} = \frac{6}{8} \Rightarrow \frac{4}{8} < \frac{5}{8} < \frac{6}{8} < \frac{7}{8}$

c) $\frac{8}{4} = \frac{40}{20}; \frac{7}{10} = \frac{14}{20}; \frac{1}{4} = \frac{5}{20}; \frac{1}{2} = \frac{10}{20}; \frac{4}{5} = \frac{16}{20} \Rightarrow \frac{5}{20} < \frac{10}{20} < \frac{14}{20} < \frac{16}{20} < \frac{40}{20}$

d) $\frac{3}{4} = \frac{45}{60}; \frac{3}{2} = \frac{90}{60}; \frac{3}{3} = \frac{60}{60}; \frac{3}{5} = \frac{36}{60} \Rightarrow \frac{36}{60} < \frac{45}{60} < \frac{60}{60} < \frac{90}{60}$

Seite 200 | Aufgabe 7

a) A: $\frac{4}{8} = \frac{1}{2}$; B: $\frac{5}{8}$; C: $\frac{6}{8} = \frac{3}{4}$

b) A: $\frac{3}{6} = \frac{1}{2}$; B: $\frac{4}{6} = \frac{2}{3}$; C: $\frac{5}{6}$

Seite 200 | Aufgabe 8

a) Die Strecke zwischen 0 und 1 ist bei ① in 10 gleiche Teile und bei ② in 6 gleiche Teile unterteilt.

b) ① $A = \frac{2}{10} = \frac{1}{5}$; $B = \frac{4}{10} = \frac{2}{5}$; $C = \frac{5}{10} = \frac{1}{2}$; $D = \frac{8}{10} = \frac{4}{5}$ ② $A = \frac{3}{6} = \frac{1}{2}$; $B = \frac{4}{6} = \frac{2}{3}$; $C = \frac{8}{6} = \frac{4}{3}$; $D = \frac{10}{6} = \frac{5}{3}$

Seite 200 | Aufgabe 9

Punkt A: $\frac{2}{5}$; Punkt B: $\frac{6}{5}$ oder $1\frac{1}{5}$; Punkt C: $\frac{9}{5}$ oder $1\frac{4}{5}$; Punkt D: $\frac{13}{5}$ oder $2\frac{3}{5}$; Punkt E: $\frac{17}{5}$ oder $3\frac{2}{5}$

Seite 200 | Aufgabe 10

a) A: $\frac{10}{15} = \frac{2}{3}$

Zeichnung zu b) und c)

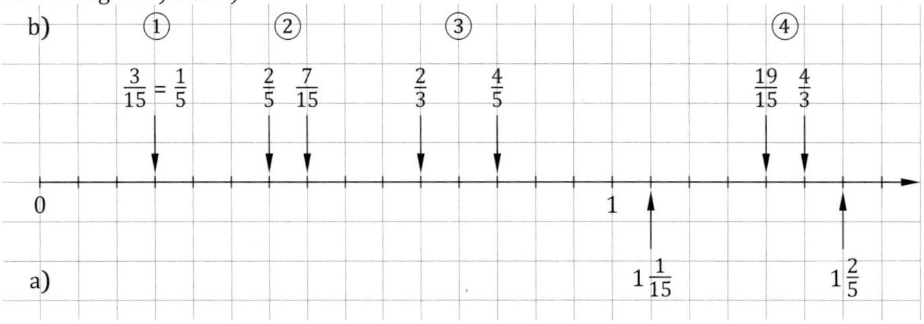

b) ① $\frac{3}{15} = \frac{1}{5}$ ② $\frac{2}{5} < \frac{7}{15}$ ③ $\frac{2}{3} < \frac{4}{5}$ ④ $\frac{19}{15} < \frac{4}{3}$

c) $1\frac{1}{15} < 1\frac{2}{5}$

Seite 200 | Aufgabe 11

a)

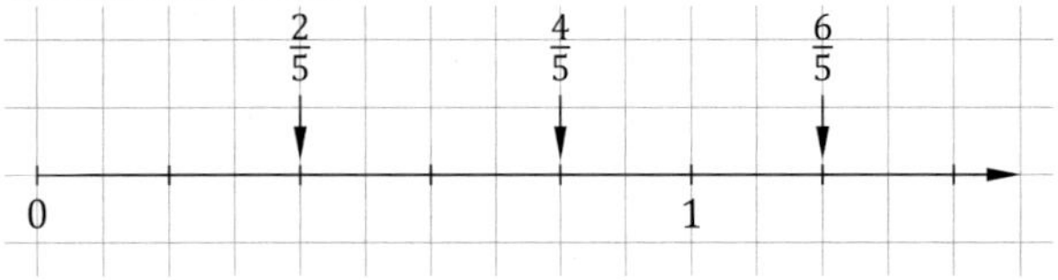

b)

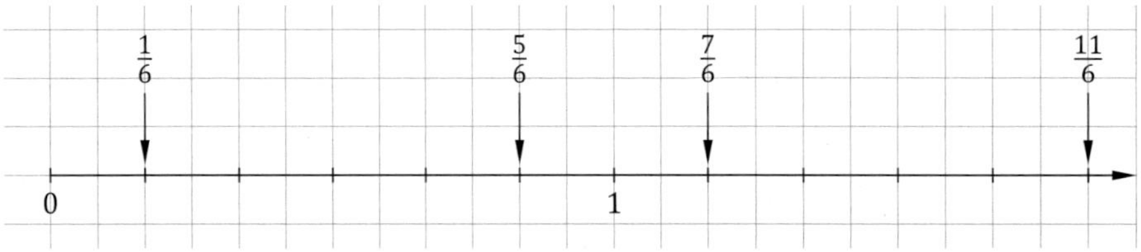

c)

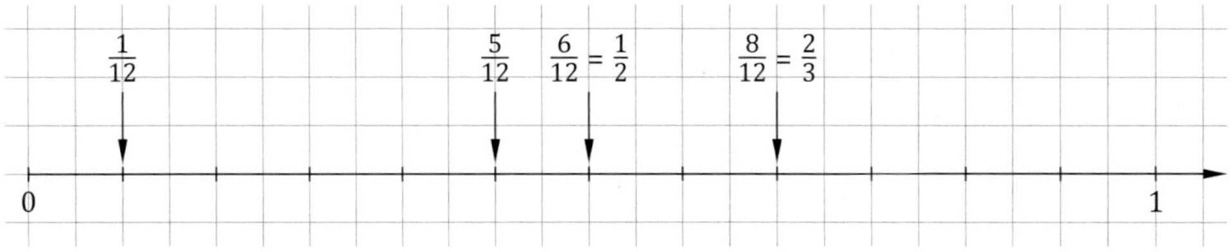

d)

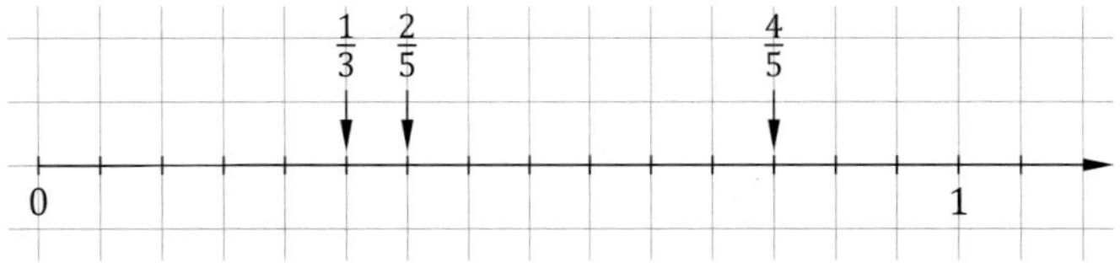

Seite 201 | Aufgabe 12

a) $\frac{4}{5}, \frac{5}{5}, \frac{6}{5}, \frac{7}{5}, \frac{8}{5}, \frac{9}{5}$

b) $\frac{5}{2}, \frac{6}{2}, \frac{7}{2}, \frac{8}{2}, \frac{9}{2}$

Seite 201 | Aufgabe 13

a) $\frac{5}{12} < \frac{6}{12} < \frac{7}{12}$

b) $0 < \frac{1}{12} < \frac{1}{6}$

c) $\frac{2}{3} < \frac{9}{12} < \frac{10}{12} < \frac{11}{12}$

d) $\frac{5}{6} < \frac{11}{12} < 1$

Seite 201 | Aufgabe 14

a) Der gefärbte Drittelanteil stellt ein Drittel von einem Viertel dar. Es ist ein Drittel von einem Viertel dargestellt, und nicht ein Drittel eines Ganzen.

b) Die Zahlenstrahlen sind nicht gleich skaliert.

c) Bei Brüchen mit dem gleichen Zähler ist der Bruch größer, der den kleineren Nenner hat, nicht der mit dem größeren Nenner.

Seite 201 | Aufgabe 15

a) Blau: $\frac{2}{7}, \frac{6}{17}$: Der Zähler ist kleiner als die Hälfte des Nenners.
Rot: $\frac{3}{5}, \frac{7}{8}, \frac{7}{12}$: Der Zähler ist kleiner als der Nenner, aber größer als die Hälfte des Nenners.
Grün: $\frac{15}{13}, \frac{13}{11}$: Der Zähler ist größer als der Nenner, aber kleiner als das Eineinhalbfache.
Schwarz: $\frac{17}{10}$: Der Zähler ist mehr als eineinhalbmal so groß wie der Nenner.

b) ① $\frac{3}{5} > \frac{1}{2} > \frac{2}{7}$ ② $\frac{13}{11} > 1 > \frac{7}{8}$ ③ $\frac{6}{17} < \frac{1}{2} < \frac{7}{12}$ ④ $\frac{15}{13} < \frac{3}{2} < \frac{17}{10}$

Seite 201 | Aufgabe 16

a) $\frac{7}{13} < \frac{11}{13}$, da bei gleichem Nenner der Bruch mit dem größeren Zähler größer ist.

b) $\frac{1}{6} = \frac{7}{42} > \frac{5}{42}$, gleichnamig machen

c) $\frac{5}{3} > 1 > \frac{29}{32}$, durch Vergleich mit der Zahl 1

d) $\frac{11}{16} = \frac{33}{48} > \frac{28}{48} = \frac{7}{12}$, gleichnamig machen

e) $\frac{6}{15} < \frac{9}{15} < \frac{15}{15}$, da bei gleichem Nenner der Bruch mit dem größeren Zähler größer ist.

f) $\frac{9}{12} = \frac{45}{60} < \frac{4}{5} = \frac{48}{60} < \frac{5}{6} = \frac{50}{60}$, gleichnamig machen

g) $\frac{14}{25} < \frac{3}{5} = \frac{15}{25} < 1 < \frac{9}{8}$, gleichnamig machen und Vergleich mit der Zahl 1

h) $\frac{2}{11} < \frac{1}{2} < \frac{11}{12}$, durch Vergleich mir der Zahl $\frac{1}{2}$

Seite 201 | Aufgabe 17

Die Aussage trifft zu, da ein Bruch größer wird, wenn man seinen Nenner verkleinert. Es gilt $\frac{a}{b} < \frac{a}{c} \Leftrightarrow a \cdot c < a \cdot b \Leftrightarrow c < b$ für a, b, c $\neq 0$. Die Aussage hat eine Ausnahme, nämlich wenn der Zähler $a = 0$ ist. In diesem Fall wären die Brüche (unabhängig vom Nenner) gleich groß.

Seite 202 | Aufgabe 18

a) $\frac{7}{13} < \frac{11}{13}$, bei gleichem Nenner ist der Bruch mit dem größeren Zähler der größere Bruch.

b) $\frac{12}{13} < \frac{13}{13} < \frac{14}{13}$, Brüche sind kleiner 1, wenn der Zähler kleiner als der Nenner ist.

c) $\frac{0}{1} < \frac{1}{1}$, da jede positive Zahl größer als 0 ist.

d) $\frac{2}{1} < \frac{3}{1}$, da an einem Zahlenstrahl ganze Zahlen leicht zu vergleichen sind.

Seite 202 | Aufgabe 19

a) Wenn der ganzzahlige Anteil der gemischten Zahlen gleich groß ist, reicht es aus, die übrig bleibenden Bruchzahlen zu vergleichen.
z.B.: $2\frac{1}{6} = 2 + \frac{1}{6}$ und $2\frac{1}{5} = 2 + \frac{1}{5}$. Da $\frac{1}{6} < \frac{1}{5}$ folgt $2 + \frac{1}{6} < 2 + \frac{1}{5}$ und somit $2\frac{1}{6} < 2\frac{1}{5}$.

b) ① $3\frac{7}{10} > 3\frac{1}{2}$ ② $9\frac{3}{7} > 9\frac{2}{5}$ ③ $8\frac{2}{7} > 3\frac{3}{5}$ ④ $1\frac{9}{13} < 6\frac{1}{12}$

c) individuelle Lösungen

Seite 202 | Aufgabe 20

a) ① $\frac{5}{3} = \frac{10}{6} < \frac{21}{6} = \frac{7}{2}$ ② $\frac{23}{7} = \frac{115}{35} < \frac{84}{35} = \frac{12}{5}$ ③ $\frac{35}{3} = \frac{70}{6} < \frac{71}{6}$ ④ $\frac{21}{4} = \frac{63}{12}$

b) ① $\frac{5}{3} = 1\frac{2}{3} < 3\frac{1}{2} = \frac{7}{2}$ ② $\frac{23}{7} = 3\frac{2}{7} < 2\frac{2}{5} = \frac{12}{5}$ ③ $\frac{35}{3} = 11\frac{2}{3} < 11\frac{5}{6} = \frac{71}{6}$ ④ $\frac{21}{4} = 5\frac{1}{4} = \frac{63}{12}$

c) Falls die zu den Brüchen gehörenden gemischten Zahlen sich in ihren Ganzen unterscheiden, so ist das zweite Verfahren einfacher. Falls dies jedoch nicht der Fall ist, so muss man ohnehin die Größe der Brüche vergleichen, somit ist dann das erste Verfahren einfacher.

Seite 202 | Aufgabe 21

a) $\frac{2}{7} < \frac{5}{7}$, da bei gleichem Nenner der Bruch mit dem größeren Zähler größer ist

b) $\frac{3}{3} = 1$, da drei Drittel ein Ganzes sind.

c) $2\frac{1}{3} > \frac{6}{3}$, da $2 + \frac{1}{3} > 2$

d) $\frac{4}{7} < \frac{4}{3}$, da bei gleichem Zähler der Bruch mit dem größeren Nenner kleiner ist.

e) $\frac{2}{5} > \frac{2}{7}$, da bei gleichem Zähler der Bruch mit dem größeren Nenner kleiner ist.

Seite 202 | Aufgabe 22

a) $\frac{3}{20}$ b) $\frac{2}{4} = \frac{1}{2}$ c) $\frac{8}{20}$ d) $\frac{5}{20}$ e) $\frac{10}{20}; \frac{15}{20}$ f) $\frac{15}{10}$

Seite 202 | Aufgabe 23

a)

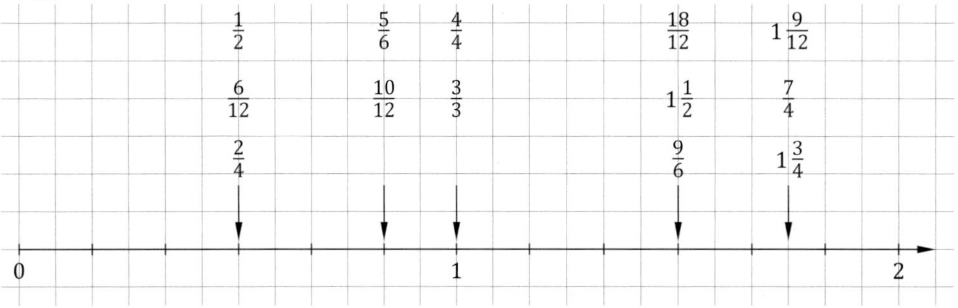

b) Wie man am Zahlenstrahl sehen kann, sind es 5 verschiedene Bruchzahlen.

Seite 202 | Aufgabe 24

a) $\frac{401}{700}, \frac{402}{700}, \frac{403}{700}$

b) Daniel hat Recht, da auf einem Zahlenstrahl die Bruchzahlen beliebig dicht liegen. Zwischen zwei beliebigen Brüchen befindet sich immer ein weiterer, sodass man auch immer neue Zahlen finden wird, welche zwischen $\frac{4}{7}$ und $\frac{5}{7}$ liegen. Rechnerisch kann man weitere Zahlen finden, indem man Bruch erweitert.

Seite 202 | Aufgabe 25

a) $\frac{4}{7} > \frac{3}{6} \Leftrightarrow 4 \cdot 6 > 3 \cdot 7$

b) Dieses Verfahren erhält man durch einfache Termumformung:
Aus $\frac{a}{b} < \frac{c}{d}$ folgt durch Multiplizieren mit b und d: $a \cdot d < b \cdot c$, sofern $a \neq c$ und $b, d \neq 0$.

7.5 Brüche als Quotienten

Seite 203 | Einstieg

Henry und Theo (2 Personen) bekommen jeweils 2 Muffins. Sollen die Muffins auf 3 Personen verteilt werden (Henry, Theo und Janna), so bekommt jede eines und ein Drittel des verbleibenden. Ein Muffin muss also angeschnitten werden.

Seite 203 | Aufgabe 1

a) $\frac{5}{6}$ Lakritzstangen b) $\frac{3}{7}$ Familienpizzen

Seite 203 | Aufgabe 2

a) $6 : 2 = 3$ b) $35 : 5 = 7$ c) $3 : 3 = 1$

d) $17 : 17 = 1$ e) $4 : 1 = 4$ f) $1 : 1 = 1$

Seite 203 | Aufgabe 3

a) $\frac{15}{2} = 15 : 2 = 14 : 2 + 1 : 2 = 7 + \frac{1}{2} = 7\frac{1}{2}$

b) $\frac{7}{3} = 7 : 3 = 6 : 3 + 1 : 3 = 2 + \frac{1}{3} = 2\frac{1}{3}$

c) $\frac{31}{4} = 31 : 4 = 28 : 4 + 3 : 4 = 7 + \frac{3}{4} = 7\frac{3}{4}$

d) $\frac{56}{5} = 56 : 5 = 55 : 5 + 1 : 5 = 11 + \frac{1}{5} = 11\frac{1}{5}$

e) $\frac{33}{10} = 33 : 10 = 30 : 10 + 3 : 10 = 3 + \frac{3}{10} = 3\frac{3}{10}$

f) $\frac{117}{100} = 117 : 100 = 100 : 100 + 17 : 100 = 1 + \frac{17}{100} = 1\frac{17}{100}$

Seite 204 | Aufgabe 4

a) $\frac{6}{4} = \frac{3}{2} = 1\frac{1}{2}$ b) $\frac{6}{3} = 2$ c) $\frac{15}{12} = \frac{5}{4} = 1\frac{1}{4}$

Seite 204 | Aufgabe 5

5 Pizzen werden auf 3 Personen aufgeteilt.

Seite 204 | Aufgabe 6

a) $\frac{5}{4}$

b) Jedes Kind kann eine ganze Tafel bekommen, man muss dann nur die 5. Tafel aufteilen.

c) $1\frac{1}{4}$

Seite 204 | Aufgabe 7

a) Die Behauptung ist richtig.

b) Die Behauptung ist nicht richtig. Auf 0 Personen kann man nichts verteilen, ein Bruch mit „0“ im Nenner ist nicht sinnvoll anzugeben (mathematisch: Er ist nicht definiert). Dies bedeutet auch der Satz „Durch 0 darf man nicht teilen.“ „3 : 0“ ist nicht 0, sondern gar nichts.

Seite 204 | Aufgabe 8

a) Vier der Grundstücke haben einen Anteil von $\frac{2}{5}$ an einer der Wiesen. Das fünfte Grundstück hat einen Anteil von $\frac{1}{5}$ an jeder der beiden Wiesen.

b)

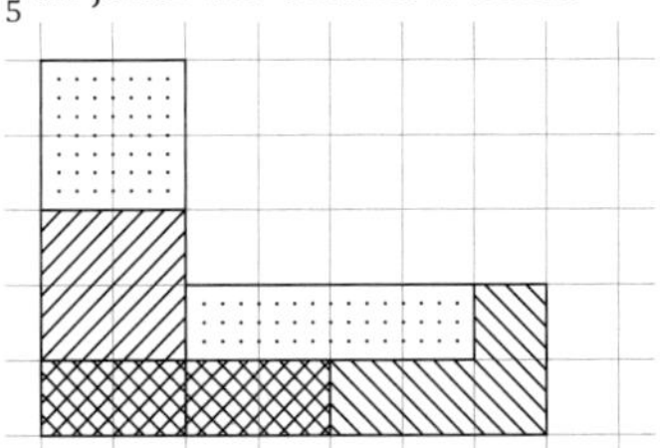

c) Nein, mindestens ein Grundstück ist nicht rechteckig.

Seite 204 | Aufgabe 9

a) $\frac{2}{4} = \frac{1}{2}$ Pizza b) $\frac{2}{5}$ Pizza c) $\frac{3}{5}$ Pizza

d) Der Nenner wird pro Freund um je 1 größer. e) Der Zähler wird pro Pizza um je 1 größer.

f) Zähler und Nenner werden um je 1 größer.

Seite 204 | Aufgabe 10

a) Erklärung 1:

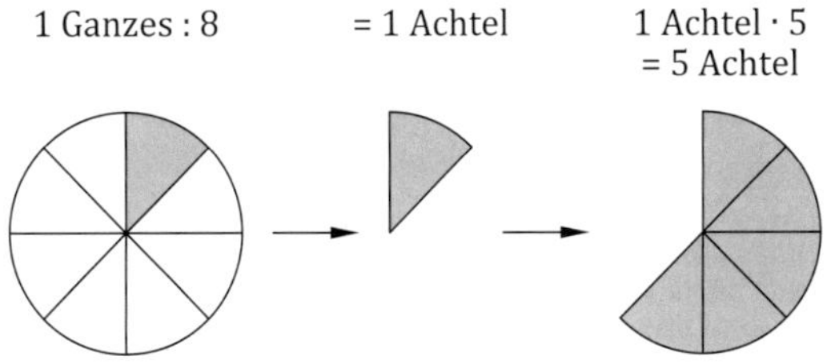

Erklärung 2:

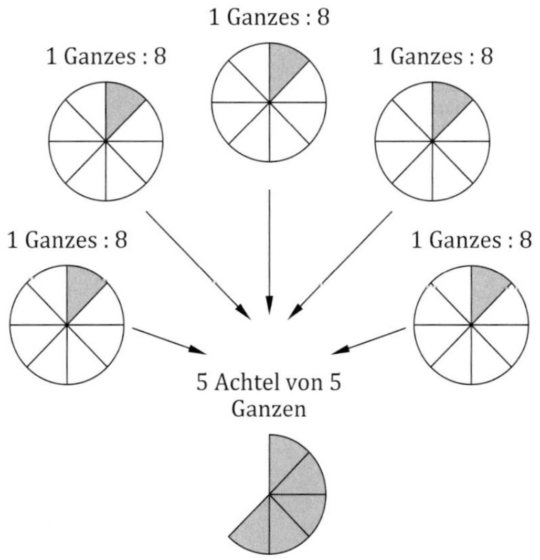

Erklärung 1 beschreibt den Teil eines Ganzen; Erklärung 2 einen Teil mehrerer Ganzer. In beiden Fällen wird auf ein Achtel heruntergerechnet und verfünffacht, nur in umgekehrter Reihenfolge.

7.6 Anteile von mehreren Ganzen – Anteile von Größen

Seite 205 | Einstieg

Zwei Drittel von 63 € sind 42 €.

Seite 206 | Aufgabe 1

a) 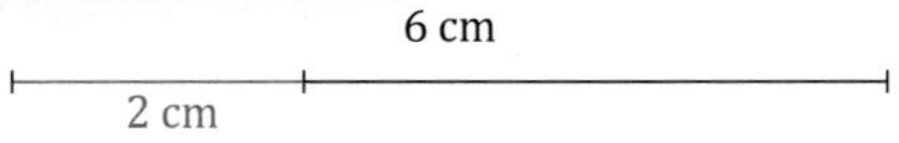

b) 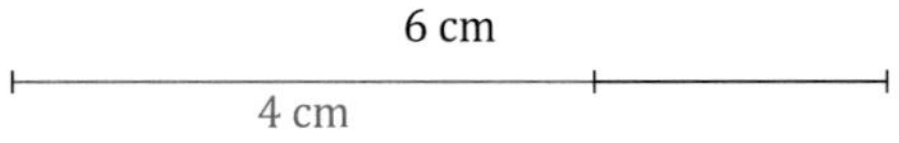

c) 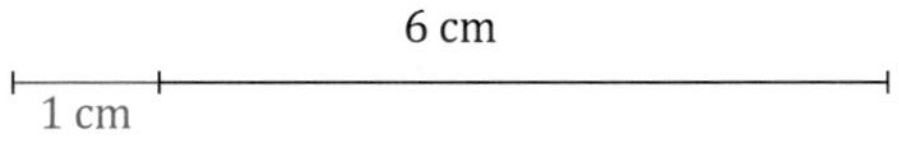

d) 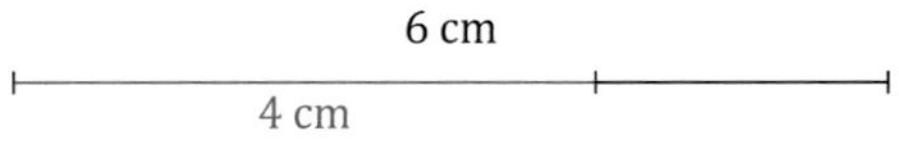

Seite 206 | Aufgabe 2

a) 4 t	b) 8 h	c) 8 cm	d) 21 €
e) 42 cm	f) 350 g	g) 21 l	h) 75 km

Seite 206 | Aufgabe 3

a) 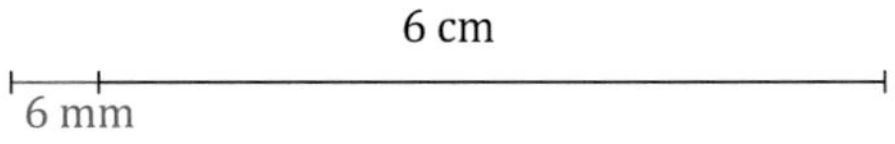

b) 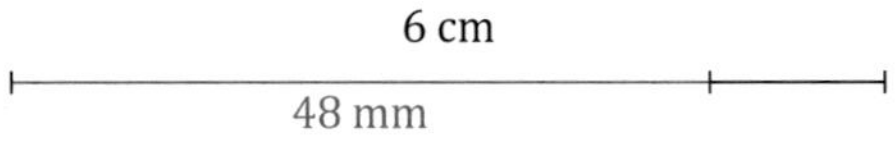

c) 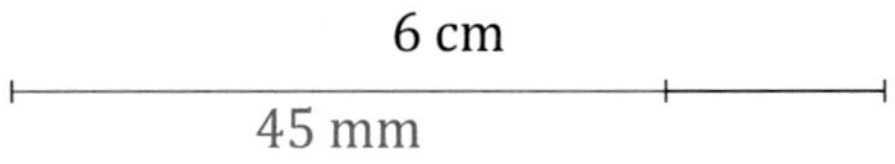

d) 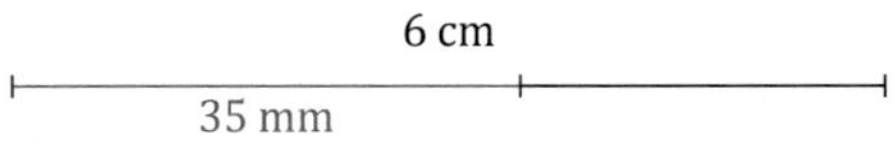

Seite 206 | Aufgabe 4

a) 2 mm	b) 100 g	c) 500 m	d) 900 mg
e) 48 s	f) 1,20 € = 120 ct	g) 200 min	h) 75 cm

Seite 206 | Aufgabe 5

a) 150 kg; 12 l, 45 min b) 24 kg; 72 s; 320 cm c) 4,9 t = 4900 kg; 1,4 l = 1400 ml; 28 min

Seite 206 | Aufgabe 6

a) $\frac{3}{5}$ von 6 € sind 3,60 €
$\frac{3}{4}$ von 6 € sind 4,50 €
$\frac{2}{3}$ von 6 € sind 4 €
$\frac{3}{10}$ von 6 € sind 1,80 €
$\frac{2}{5}$ von 6 € sind 2,40 €

b) $\frac{15}{20}$ von 3 h sind 135 min
$\frac{4}{10}$ von 3 h sind 72 min
$\frac{2}{6}$ von 3 h sind 60 min
$\frac{1}{3}$ von 3 h sind 60 min
$\frac{3}{4}$ von 3 h sind 135 min

Seite 206 | Aufgabe 7

a) 250 m	b) 10 min	c) 20 cm	d) 30 mg
e) 400 ml	f) 50 s	g) 700 kg	h) 8 cm

Seite 206 | Aufgabe 8

a) $\frac{1}{5}$ m = 20 cm; $\frac{1}{10}$ m = 10 cm; $\frac{1}{4}$ m = 25 cm; $\frac{1}{20}$ m = 5 cm; $\frac{1}{100}$ m = 1 cm
b) $\frac{1}{4}$ h = 15 min; $\frac{1}{3}$ h = 20 min; $\frac{1}{10}$ h = 6 min; $\frac{1}{2}$ h = 30 min; $\frac{1}{12}$ h = 5 min

Seite 207 | Aufgabe 9

a) 25 mm b) 1625 g c) 3400 mg d) 1250 m e) 90 min

f) 1100 kg g) 130 s h) 340 cm i) 1375 m j) 1150 ml

Seite 207 | Aufgabe 10

a) $1\frac{3}{4}$ h = 105 min; $2\frac{1}{2}$ h = 150 min; $3\frac{1}{4}$ h = 195 min; $2\frac{3}{4}$ h = 165 min; $1\frac{1}{3}$ h = 80 min

b) $1\frac{1}{5}$ m = 120 cm; $2\frac{3}{5}$ m = 260 cm; $3\frac{1}{4}$ m = 325 cm; $2\frac{1}{4}$ m = 225 cm; $3\frac{2}{5}$ m = 340 cm

Seite 207 | Aufgabe 11

a)
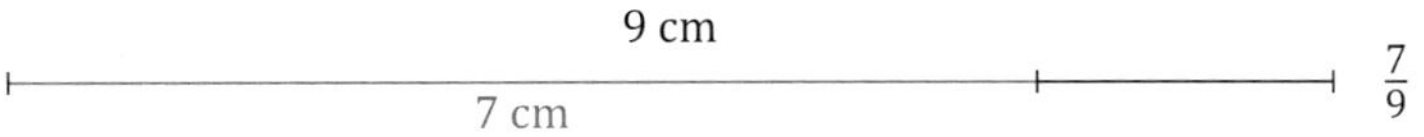

b)
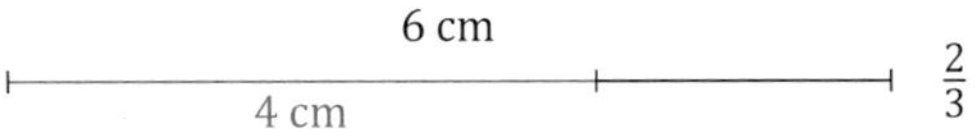

c)
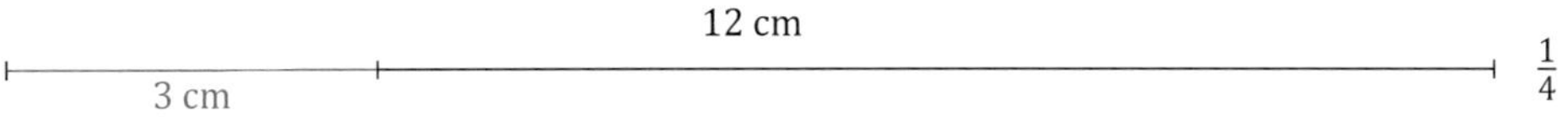

Seite 207 | Aufgabe 12

a) $\frac{3}{9} = \frac{1}{3}$ b) $\frac{8}{12} = \frac{2}{3}$ c) $\frac{12}{15} = \frac{4}{5}$

d) $\frac{6}{8} = \frac{3}{4}$ e) $\frac{4}{10} = \frac{2}{5}$ f) $\frac{5}{20} = \frac{1}{4}$

Seite 207 | Aufgabe 13

a) $\frac{1}{2}$ b) $\frac{3}{5}$ c) $\frac{1}{8}$

Seite 207 | Aufgabe 14

a) 6 mm von 1 cm sind 6 mm von 10 mm. Der Anteil ist $\frac{6}{10} = \frac{3}{5}$.

b) 15 min von 1 h sind 15 min von 60 min. Der Anteil ist $\frac{15}{60} = \frac{1}{4}$.

c) 700 g von 1 kg sind 700 g von 1000 g. Der Anteil ist $\frac{700}{1000} = \frac{7}{10}$.

d) 500 m von 3 km sind 500 m von 3000 m. Der Anteil ist $\frac{500}{3000} = \frac{1}{6}$.

e) 80 s von 2 min sind 80 s von 120 s. Der Anteil ist $\frac{80}{120} = \frac{2}{3}$.

f) 75 Ct von 2 € sind 75 Ct von 200 Ct. Der Anteil ist $\frac{75}{200} = \frac{3}{8}$.

Seite 208 | Aufgabe 15

$\frac{1}{10}$ von 1 t sind 100 kg; $\frac{1}{10}$ von 2 dm sind 2 cm; $\frac{1}{10}$ von 40 min sind 4 min; $\frac{1}{10}$ von 2,50 € sind 25 ct.

$\frac{5}{8}$ von 4 kg sind 2,5 kg; $\frac{5}{8}$ von 64 km sind 40 km; $\frac{5}{8}$ von 2 h sind 75 min; $\frac{5}{8}$ von 3,20 € sind 2 €.

$\frac{4}{5}$ von 2 kg sind 1,6 kg; $\frac{4}{5}$ von 120 m sind 96 m; $\frac{4}{5}$ von 1 h sind 48 min; $\frac{4}{5}$ von 1 € sind 80 ct.

Seite 208 | Aufgabe 16

a) $\frac{1}{4}$ von 80 g sind 20 g. b) $\frac{5}{11}$ von 11 m sind 5 m.

c) $\frac{1}{10}$ kg = 100 g d) $\frac{1}{5}$ von 1 h sind 12 min.

e) $\frac{4}{7}$ von 140 t sind 80 t. f) $\frac{5}{8}$ l = 625 ml.

g) $\frac{7}{16}$ von 8 km sind 3,5 km. h) $\frac{5}{18}$ von 3 h sind 50 min.

i) $\frac{9}{50}$ m = 18 cm

Seite 208 | Aufgabe 17

a) $\frac{3}{4}$ b) $\frac{2}{3}$ c) $\frac{1}{2}$ d) $\frac{3}{7}$ e) $\frac{8}{24} = \frac{1}{3}$ f) $\frac{1}{2}; \frac{1}{15}; \frac{13}{30}$

Seite 208 | Aufgabe 18

a) ① Annika hat Zähler und Nenner vertauscht. $\frac{2}{3}$ von 27 kg sind 18 kg.

② Annika hat die Einheiten vertauscht. $\frac{1}{1000}$ kg = 1 g

③ Annika hat die falsche Einheit berechnet. $\frac{2}{5}$ dm = 4 cm oder $\frac{2}{5}$ m = 4 dm

④ Annika hat die Einheit falsch berechnet. 2 mm von 10 cm sind $\frac{1}{50}$.

b) Bei einem Endstand von 60 zu 90 wurden insgesamt 150 Körbe erzielt. Der Reporter hat somit das Verhältnis der Körbe beider Mannschaften angegeben, dieses ist 2 zu 3. Der Anteil der Körbe von Göttingen an allen Körben beträgt dagegen 60 von 150 Körben, dies entspricht 2 von 5 Körben, also zwei Fünftel aller Körbe.

Seite 208 | Aufgabe 19

a) ① $\frac{3}{4}$ kg > $\frac{1}{2}$ kg ② $\frac{1}{4}$ km > $\frac{1}{5}$ km ③ $\frac{4}{5}$ m > $\frac{7}{10}$ m
④ $\frac{2}{5}$ min > $\frac{1}{3}$ min ⑤ $\frac{11}{20}$ h < $\frac{7}{12}$ h ⑥ $2\frac{4}{5}$ l > $2\frac{3}{4}$ l

b) ① 750 g > 500 g ② 250 m > 200 m ③ 8 dm > 7 dm
④ 24 s > 20 s ⑤ 33 min < 35 min ⑥ 2800 ml > 2750 ml

Seite 208 | Aufgabe 20

a) Bei beiden Festen ist der Anteil der Gewinnlose gleich groß, nämlich $\frac{1}{5}$.

b) In Linas Klasse gibt es den höheren Mädchenanteil von $\frac{13}{26} = \frac{1}{2}$ gegenüber $\frac{10}{24} = \frac{5}{12} < \frac{1}{2}$ in Jans Klasse.

c) Anteil der pünktlichen Busse in A-Stadt: $\frac{95}{100}$; in B-Stadt: $\frac{90}{100}$:
In A-Stadt sind die Busse pünktlicher.

Seite 209 | Aufgabe 21

a) $\frac{1}{2}$ km b) $\frac{1}{4}$ l c) $\frac{3}{4}$ h d) $\frac{2}{5}$ cm e) $\frac{3}{4}$ t

Seite 209 | Aufgabe 22

a) $4\frac{1}{2}$ l b) $1\frac{1}{4}$ kg c) $2\frac{3}{4}$ g d) $1\frac{1}{4}$ min e) $1\frac{1}{5}$ km

Seite 209 | Aufgabe 23

a) $\frac{2}{3}$ von 36 Spielen ist 24. Die Mannschaft hat 24 Spiele gewonnen.
$\frac{1}{4}$ von 36 Spielen ist 9. Die Mannschaft hat 9 Spiele verloren.

b) 36 – 24 – 9 = 3: Die Mannschaft hat in 3 Spielen unentschieden gespielt.
$\frac{3}{36} = \frac{1}{12}$: Das entspricht einem Anteil von einem Zwölftel.

Seite 209 | Aufgabe 24

a) Senkung: $\frac{2}{5} \cdot 80$ € = 32 €; neuer Preis: 48 €

b) Senkung: $\frac{2}{5} \cdot 16$ € = 6,40 €; neuer Preis: 9,60 €

c) Senkung: $\frac{2}{5} \cdot 175$ € = 70 €; neuer Preis: 105 €

Seite 209 | Aufgabe 25

Weizenmehl: $\frac{5}{8} \cdot 400$ kg = 250 kg
Roggenmehl: $\frac{5}{8} \cdot 560$ kg = 350 kg
Gerstenmehl: $\frac{5}{8} \cdot 1$ t = 0,625 t = 625 kg

Seite 209 | Aufgabe 26

a) Sie benötigt 12 rote und 48 weiße Perlen.

b)

Seite 209 | Aufgabe 27

30 min + 105 min + 20 min = 155 min = 2 h 35 min.

Daniel kommt um 16.50 Uhr am Kino an, also pünktlich.

Seite 209 | Aufgabe 28

Ella muss insgesamt ein Gewicht von 6,5 kg beziehungsweise 6500 g tragen.

Seite 209 | Aufgabe 29

a) Der Straßenlauf ist insgesamt 15 km lang.

b) ① $\frac{1}{4}$ von 100 km sind 25 km. ② $\frac{1}{3}$ von 450 kg sind 150 kg.
③ $\frac{3}{5}$ von 10 m² sind 6 m². ④ $\frac{5}{6}$ von 72 ml sind 60 ml.
⑤ $\frac{2}{3}$ von 90 s sind 1 min. ⑥ $\frac{8}{9}$ von 22,5 cm sind 2 dm.

7.7 Dezimalzahlen

Seite 210 | Einstieg

Am nächsten an Tims Bestzeit liegt das Ergebnis 11,52 s. Wenn er etwas langsamer als seine Bestzeit gelaufen ist, könnten auch die Ergebnisse 11,60 s und 11,77 s von Tim sein, wenn er besonders schnell war, dann auch das Ergebnis 11,25 s.

Seite 211 | Aufgabe 1

a) $\frac{1}{10}$ b) $\frac{3}{10}$ c) $\frac{7}{10}$ d) $\frac{3}{100}$ e) $\frac{101}{1000}$ f) $\frac{23}{1000}$

Seite 211 | Aufgabe 2

a) $2\frac{1}{10}$ b) $1\frac{33}{100}$ c) $1\frac{73}{100}$ d) $5\frac{3}{100}$ e) $10\frac{17}{100}$ f) $5\frac{51}{1000}$

Seite 211 | Aufgabe 3

a) $\frac{2}{10} = \frac{1}{5}$ b) $2\frac{5}{10} = 2\frac{1}{2}$ c) $3\frac{7}{10}$ d) $\frac{12}{100} = \frac{3}{25}$
e) $5\frac{18}{100} = 5\frac{9}{50}$ f) $6\frac{15}{100} = 6\frac{3}{20}$ g) $\frac{98}{100} = \frac{49}{50}$ h) $10\frac{25}{1000} = 10\frac{1}{40}$
i) $2\frac{88}{100} = 2\frac{22}{25}$ j) $\frac{125}{1000} = \frac{1}{8}$ k) $4\frac{258}{1000} = 4\frac{129}{500}$ l) $9\frac{89}{1000}$

Seite 211 | Aufgabe 4

a) $1{,}6 = 1\frac{6}{10}$; $0{,}6 = \frac{6}{10}$; $0{,}06 = \frac{6}{100}$; $0{,}16 = \frac{16}{100}$; $0{,}01 = \frac{1}{100}$; $0{,}016 = \frac{16}{1000}$
b) $0{,}9 = \frac{9}{10}$; $2{,}5 = 2\frac{1}{2}$; $1{,}5 = 1\frac{1}{2}$; $0{,}25 = \frac{1}{4}$; $0{,}8 = \frac{4}{5}$; $0{,}375 = \frac{3}{8}$

Seite 211 | Aufgabe 5

a) ① $1\frac{3}{10} = \frac{13}{10}$ ② $10\frac{7}{10} = \frac{107}{10}$ ③ $1\frac{23}{100} = \frac{123}{100}$
④ $9\frac{5}{10} = \frac{19}{2}$ ⑤ $4\frac{44}{100} = \frac{111}{25}$ ⑥ $13\frac{129}{1000} = \frac{13\,129}{1000}$
b) Man kann eine Dezimalzahl als unechten Bruch schreiben, indem man die Zahl ohne das Komma in den Zähler setzt, in Nenner ein Vielfaches von 10 mit ebenso vielen Nullen wie Nachkommastellen schreibt und gegebenenfalls noch kürzt.

Seite 211 | Aufgabe 6

a) 0,3 b) 0,8 c) 0,07 d) 0,36
e) 0,772 f) 0,0001 g) $\frac{41}{10} = 4{,}1$ h) $\frac{39}{10} = 3{,}9$
i) $\frac{276}{100} = 2{,}76$ j) $\frac{508}{100} = 5{,}08$ k) $\frac{6125}{1000} = 6{,}125$ l) $\frac{1073}{1000} = 1{,}073$

Seite 212 | Aufgabe 7

a) $\frac{6}{10} = 0{,}6$ b) $\frac{75}{100} = 0{,}75$ c) $\frac{18}{100} = 0{,}18$ d) $4\frac{25}{100} = 4{,}25$ e) $\frac{125}{1000} = 0{,}125$

Seite 212 | Aufgabe 8

$\frac{9}{30} = \frac{3}{10} = 0{,}3$; $\frac{105}{500} = \frac{21}{100} = 0{,}21$; $\frac{150}{600} = \frac{25}{100} = 0{,}25$; $\frac{28}{140} = \frac{2}{10} = 0{,}2$

Seite 212 | Aufgabe 9

a) 0,25 b) 6,5 c) $\frac{21}{70} = \frac{3}{10} = 0{,}3$
d) $\frac{524}{200} = \frac{262}{100} = 2{,}62$ e) $\frac{875}{1000} = 0{,}875$ f) $\frac{1080}{1000} = 1{,}08$

Seite 212 | Aufgabe 10

a) $\frac{9}{15} = \frac{3}{5} = \frac{6}{10} = 0{,}6$ b) $3\frac{3}{6} = \frac{21}{6} = \frac{7}{2} = 3{,}5$ c) $\frac{14}{35} = \frac{2}{5} = \frac{4}{10} = 0{,}4$
d) $1\frac{3}{150} = 1\frac{1}{50} = \frac{51}{50} = \frac{102}{100} = 1{,}02$ e) $\frac{12}{75} = \frac{4}{25} = \frac{16}{100} = 0{,}16$ f) $\frac{55}{88} = \frac{5}{8} = \frac{625}{1000} = 0{,}625$

Seite 212 | Aufgabe 11

a) ① $1\frac{9}{10}=1{,}9$ ② $13\frac{5}{10}=13{,}5$ ③ $2\frac{76}{100}=2{,}76$
④ $9\frac{9}{100}=9{,}09$ ⑤ $1\frac{2}{1000}=1{,}002$ ⑥ $5\frac{125}{1000}=5{,}125$

b) Man kann einen unechten Zehnerbruch direkt als Dezimalzahl schreiben, indem man den Zähler nimmt und das Komma um so viele Stellen nach links verschiebt, wie der Nenner an Nullen aufweist.

c) ① 2,8 ② 8,5 ③ 1,6 ④ 4,05 ⑤ 4,5 ⑥ 1,32

Seite 212 | Aufgabe 12

a) $\frac{1}{10}=0{,}1$ b) $\frac{4}{20}=0{,}2$ c) $\frac{7}{10}=0{,}7$ d) $\frac{2}{5}=0{,}4$ e) $\frac{5}{8}=0{,}625$ f) $\frac{3}{4}=0{,}75$

Seite 212 | Aufgabe 13

a) $21{,}032=21\frac{32}{1000}=\frac{21\,032}{1000}$ b) $1032{,}21=1032\frac{21}{100}=\frac{103\,221}{100}$

c) $4{,}6001=4\frac{6001}{10\,000}=\frac{46\,001}{10\,000}$ d) $0{,}0103=\frac{103}{10\,000}$

Seite 212 | Aufgabe 14

$\frac{9}{4}=\frac{225}{100}=2{,}25$ $2\frac{5}{10}=2\frac{1}{2}=\frac{5}{2}=2{,}5=2{,}50$

Seite 213 | Aufgabe 15

Gekürzter Bruch	$\frac{9}{50}$	$\frac{31}{250}$	$\frac{33}{100}$	$1\frac{5}{8}$	$\frac{12}{5}$	$3\frac{21}{25}$
Zehnerbruch	$\frac{18}{100}$	$\frac{124}{1000}$	$\frac{33}{100}$	$\frac{1625}{1000}$	$\frac{24}{10}$	$3\frac{84}{100}$
Dezimalzahl	0,18	0,124	0,33	1,625	2,4	3,84

Seite 213 | Aufgabe 16

a) Komma an der falschen Stelle gesetzt: $\frac{47}{10}=4{,}7$

b) Nur Zehnerbruch kann man so einfach in Dezimalzahlen umschreiben; $\frac{7}{5}=3{,}5$

c) Die letzte Null hinter dem Komma im Zähler weglassen: $0{,}80=0{,}8=\frac{8}{10}$

d) Bruchanteil der gemischten Zahl falsch umgewandelt: $3\frac{2}{5}=3{,}4$

Seite 213 | Aufgabe 17

a) 0,5; 1; 1,5; 2; 2,5... b) 0,1; 0,2; 0,3; 0,4; 0,5; ...

c) 0,2; 0,4; 0,6; 0,8; 1; ... d) 0,25; 0,5; 0,75; 1; 1,25;...

e) 0,04; 0,08; 0,12; 0,16; 0,2;... f) 0,02; 0,04; 0,06; 0,08; 0,1; 0,12;...

Seite 213 | Aufgabe 18

a) ① 1,5 m ② 3,1 km ③ 0,008 mg ④ 100,07 s ⑤ 4 kg ⑥ 20 cm

b) Nullen die nach dem Komma stehen und auf die keine von Null verschiedenen Zahlen mehr folgen, können bei Dezimalzahlen weggelassen werden.

Seite 213 | Aufgabe 19

0,25 kg Mehl; 0,1 kg Butter; 0,125 l Milch; 3 Eier

Seite 213 | Aufgabe 20

a) Beide haben Recht, denn $42\frac{9}{10}=42\frac{90}{100}$.

b) $0{,}03\text{ s}=\frac{3}{100}\text{ s}$

c) $42\frac{75}{100}\text{ s}=42\frac{3}{4}\text{ s}$

Seite 213 | Aufgabe 21

a) Estland: 1 300 000 Einwohner b) Island: 330 000 Einwohner

c) Luxemburg: 550 000 Einwohner d) Andorra: 85 000 Einwohner

Estland und Luxemburg haben mehr Einwohner als Hannover, Island und Andorra weniger.

Seite 213 | Aufgabe 22

a) $\frac{9}{30} = \frac{3}{10} = 0{,}3$

b) $\frac{20}{30} = \frac{2}{3} = 0{,}\overline{6}$

c) $\frac{10}{45} = \frac{2}{9} = 0{,}\overline{2}$

d) $\frac{54}{45} = \frac{6}{5} = \frac{12}{10} = 1{,}2$

e) $\frac{1}{6} = 0{,}1\overline{6}$

f) $\frac{50}{11} = 4{,}\overline{54}$

$\frac{20}{30}, \frac{2}{9}, \frac{1}{6}, \frac{50}{11}$ lassen sich nicht in endliche Dezimalzahlen umformen, da man sie nicht auf einen Zehnerbruch bringen kann. (Grund: Nenner sind Primzahlen oder Vielfache von Primzahlen und lassen sich nicht weiter mit dem Zähler kürzen.)

7.8 Dezimalzahlen vergleichen und ordnen

Seite 214 | Einstieg

Geordnete Liste der Zeiten: 22,98 s; 23,05 s; 23,15 s; 23,18 s; 23,51 s; 23,76 s; 23,79 s; 24,05 s;
Die schnellste Zeit war 22,98 s, die langsamste 24,05 s. Julia belegte Platz 3.

Seite 214 | Aufgabe 1

a) $1{,}35 < 3{,}15$ b) $1{,}2 > 1{,}1$ c) $3{,}4 < 3{,}7$ d) $0{,}79 < 0{,}97$
e) $3{,}83 < 3{,}84$ f) $3{,}8 > 3{,}74$ g) $1{,}245 > 1{,}241$ h) $1{,}24 < 1{,}245$

Seite 214 | Aufgabe 2

a) kleinste Zahl: 0,7; größte Zahl: 1,1
b) kleinste Zahl: 0,89; größte Zahl: 1,01
c) kleinste Zahl: 2,9; größte Zahl: 3,021
d) kleinste Zahl: 13,6; größte Zahl: 15,7
e) kleinste Zahl: 4; größte Zahl: 4,13
f) kleinste Zahl: 6,7; größte Zahl: 7,6

Seite 214 | Aufgabe 3

a) $3{,}7 = 3{,}70 < 3{,}73 < 3{,}80 = 3{,}8$
b) $4{,}8 = 4{,}80 < 4{,}82 < 4{,}90 = 4{,}9$
c) $0{,}3 = 0{,}30 < 0{,}33 < 0{,}40 = 0{,}4$
d) $1{,}0 = 1{,}00 < 1{,}05 < 1{,}10 = 1{,}1$
e) $7{,}9 = 7{,}90 < 7{,}94 < 8{,}00 = 8{,}0$
f) $6{,}3 = 6{,}300 < 6{,}325 < 6{,}400 < 6{,}4$

Seite 214 | Aufgabe 4

a) $7{,}8 < 8{,}1 < 8{,}3 < 8{,}7$
b) $0{,}19 < 0{,}37 < 0{,}73 < 0{,}91$
c) $0{,}42 < 0{,}43 < 0{,}48 < 0{,}49$
d) $1{,}6 < 1{,}62 < 1{,}67 < 1{,}7$
e) $4{,}3 < 4{,}387 < 4{,}388 < 4{,}39$
f) $14{,}899 < 14{,}98 < 15{,}001 < 15{,}01$

Seite 214 | Aufgabe 5

$0{,}57 < 4{,}378 < 4{,}38 < 4{,}9$

Seite 215 | Aufgabe 6

a) A: 0,5; B: 1,7; C: 2,4; D: 4; E: 4,7
b) A: 0,1; B: 0,2; C: 0,25; D: 0,38; E: 0,43
c) A: 15,76; B: 15,81; C: 15,85; D: 15,93; E: 16,0

Seite 215 | Aufgabe 7

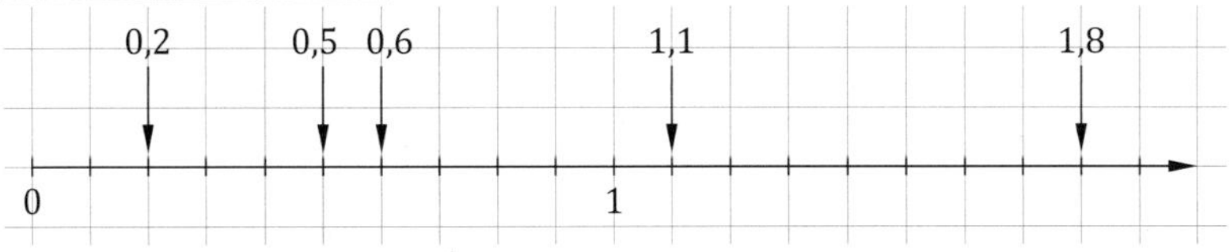

Seite 215 | Aufgabe 8

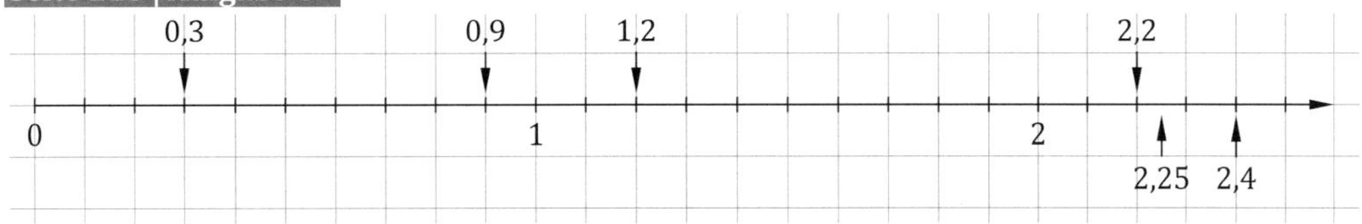

a) $0{,}3 < 0{,}9$ b) $1{,}2 < 2{,}2$ c) $2{,}4 > 2{,}25$

Seite 216 | Aufgabe 9

a) ① $7{,}02 < 7{,}04 < 7{,}59$ ② $3{,}05 < 3{,}19 < 3{,}6$ ③ $72{,}34 < 72{,}39 < 73{,}3$ ④ $45{,}1 < 45{,}3 < 45{,}5$

b) Die Zahlen aus ④ lasen sich auch an einem Zahlenstrahl mi teinem Kästchen pro Zehntel darstellen. Für die anderen Zahlen benötigt man einen breiteren Zahlenstrahl, um auch Hunderter präzise angeben zu können.

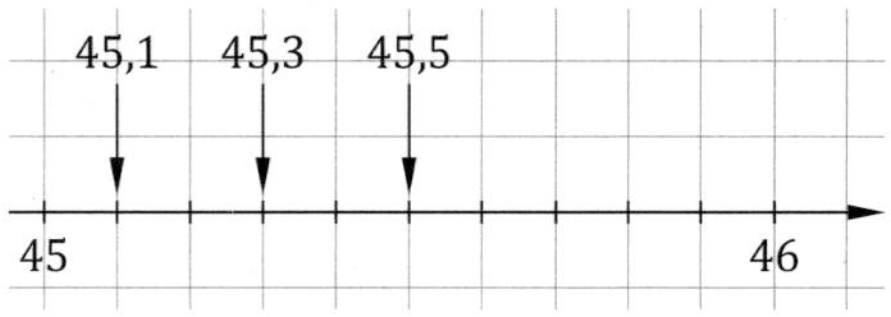

Seite 216 | Aufgabe 10

a) Die Aussage ist falsch. Stellen hinter dem Komma haben andere Bedeutung als Stellen vor dem Komma, es müssen immer die gleichen Stellen hinter dem Komma verglichen werden. $3{,}138 < 3{,}14$, weil an der ersten nicht identischen Stelle eine 3 und eine 4 steht und $3 < 4$.

b) Die Aussage ist insgesamt falsch, es ist nicht egal, an welche Stelle hinter dem Komma eine Ziffer steht. Dieselbe Zahl bezeichnen allerdings 0,4 und 0,400, da man kleinere Dezimalstellen mit Nullen auffüllen darf.

c) Die Aussage ist richtig.

Seite 216 | Aufgabe 11

a) 8,4; 8,5; 8,6; 8,7

b) 0,16; 0,17; 0,18

c) 0,005; 0,007; 0,009; 0,011; 0,013

d) 0,0301; 0,0303; 0,0305; 0,0307; 0,0309

Seite 216 | Aufgabe 12

zwischen A und B: 14,205; 14,223

zwischen B und C: 14,225; 14,238

zwischen C und D: 14,24; 14,253

Seite 216 | Aufgabe 13

A: $0{,}1; \frac{1}{10}$ B: $0{,}2; \frac{2}{10}$ C: $0{,}5; \frac{5}{10} = \frac{1}{2}$ D: $0{,}6; \frac{6}{10} = \frac{2}{5}$ E: $0{,}75; \frac{75}{100} = \frac{3}{4}$

Seite 216 | Aufgabe 14

a) $\frac{3}{4} > 0{,}7$ b) $0{,}0001 < \frac{1}{1000}$ c) $\frac{6}{10} = 0{,}60$ d) $\frac{1}{3} > 0{,}3$

d) $7{,}65 = \frac{765}{100}$ e) $1{,}98 < 2\frac{9}{25}$ f) $3{,}5 < \frac{25}{6}$ g) $4\frac{2}{5} > 4{,}25$

Seite 216 | Aufgabe 15

a) 6,450 91; 64,509 1; 645,091: 3 Möglichkeiten

b) 1,987 612; 19,876 12; 198,761 2; 1987,612: 4 Möglichkeiten

c) 5,555 555 5; 55,555 555; 555,555 55: 3 Möglichkeiten

d) 4,994 827 05; 49,948 270 5; 499,482 705; 4994,827 05: 4 Möglichkeiten

Seite 216 | Aufgabe 16

$0{,}33\ \text{l} = 330\ \text{ml}; \frac{3}{4}\ \text{l} = 750\ \text{ml}; 0{,}2\ \text{l} = 200\ \text{ml}; 0{,}7\ \text{l} = 700\ \text{ml}; \frac{1}{2}\ \text{l} = 500\ \text{ml}$

$100\ \text{ml} < 0{,}2\ \text{l} < 250\ \text{ml} < 0{,}33\ \text{l} < \frac{1}{2}\ \text{l} < 0{,}7\ \text{l} < \frac{3}{4}\ \text{l}$

Seite 216 | Aufgabe 17

a) Die gegebenen Länder geordnet nach Einwohnerzahl, angefangen mit der kleinsten Bevölkerungsgröße: Liechtenstein, Malta, Montenegro, Lettland, Slowenien, Albanien, Kroatien, Irland, Norwegen

b) Kroatien hat etwas mehr als doppelt so viele Einwohner wie Slowenien.
Kroatien hat ungefähr 10-mal so viele Einwohner wie Malta.
Albanien hat ungefähr 5-mal so viele Einwohner wie Montenegro.
Malta hat ungefähr 10-mal so viele Einwohner wie Liechtenstein.
Norwegen hat ungefähr 8-mal so viele Einwohner wie Montenegro.
Slowenien hat ungefähr 5-mal so viele Einwohner wie Malta.
Lettland und Slowenien haben ungefähr gleich viele Einwohner.

Seite 216 | Aufgabe 18

$1{,}00001 > 1$, aber $1{,}0001 \approx 1$; $0{,}99999 < 1$, aber $0{,}99999 \approx 1$

Man kann durch Einfügen von beliebig vielen 0 in der ersten bzw. beliebig vielen 9 in der zweiten Zahl der 1 beliebig nahe kommen.

Seite 216 | Aufgabe 19

a) $\frac{1}{5} = 0{,}2 < 0{,}21 < 0{,}22 < 0{,}23 < 0{,}24 < 0{,}25 = \frac{1}{4}$

b) $\frac{1}{9} = 0,\overline{1} < 0{,}12 < 0{,}13 < 0{,}14 < \frac{1}{7}$

7.9 Abbrechende und periodische Dezimalzahlen

Seite 217 | Einstieg

Zwei könnten 3,30 € bezahlen, einer 3,40 €.

Seite 217 | Aufgabe 1

a) 0,2 b) 0,125 c) 0,625 d) 0,24 e) 0,4375 f) 0,225

Seite 217 | Aufgabe 2

a) $\frac{18}{24} = \frac{3}{4} = 0{,}75$ b) $\frac{14}{16} = \frac{7}{8} = 0{,}875$ c) $\frac{21}{60} = \frac{7}{20} = 0{,}35$

d) $\frac{27}{48} = \frac{9}{16} = 0{,}5625$ e) $\frac{51}{75} = \frac{17}{25} = 0{,}68$ f) $\frac{30}{96} = \frac{5}{16} = 0{,}3125$

Seite 218 | Aufgabe 3

a) $0,\overline{2}$ b) $0{,}1\overline{3}$ c) $0{,}8\overline{2}$ d) $0{,}250\overline{20}$

Seite 218 | Aufgabe 4

a) $0,\overline{3}$ b) $0,\overline{5}$ c) $0,\overline{54}$ d) $1{,}8\overline{3}$ e) $2,\overline{7}$ f) $0{,}5\overline{3}$

Seite 218 | Aufgabe 5

a) $\frac{21}{9} = \frac{7}{3} = 2,\overline{3}$ b) $\frac{16}{60} = \frac{4}{15} = 0{,}2\overline{6}$ c) $\frac{7}{18} = 0{,}3\overline{8}$

d) $\frac{26}{12} = \frac{13}{6} = 2{,}1\overline{6}$ e) $\frac{35}{110} = \frac{7}{22} = 0{,}3\overline{18}$ f) $\frac{77}{90} = 0{,}8\overline{5}$

Seite 219 | Aufgabe 6

$\frac{20}{25} = 0{,}8$; $\frac{14}{8} = 1{,}75$; $\frac{36}{150} = 0{,}24$; $\frac{10}{16} = 0{,}625$

Seite 219 | Aufgabe 7

a) $\frac{5}{8} = 0{,}625$ mit schriftlicher Division wie Ada.
$\frac{43}{50} = \frac{86}{100} = 0{,}86$ mit Erweitern wie Henry.

b) ① 0,8 ② 0,56 ③ 0,6 ④ 2,6 ⑤ 1,25 ⑥ 1,12
Alles mit Erweitern und Kürzen bestimmbar.

Seite 219 | Aufgabe 8

$\frac{1}{11} = 0,\overline{09}$; $\frac{70}{63} = 1,\overline{1}$; $\frac{29}{24} = 1{,}208\overline{3}$; $\frac{3}{22} = 0{,}1\overline{36}$

Seite 219 | Aufgabe 9

a) 0,3 b) $0,\overline{2}$ c) $0{,}7\overline{6}$ d) 3,25 e) $0,\overline{21}$ f) $0,\overline{370}$

Seite 219 | Aufgabe 10

a) 0,2; 0,02; 0,002 b) $0,\overline{3}$; $0{,}0\overline{3}$; $0{,}00\overline{3}$ c) $2,\overline{3}$; $0{,}2\overline{3}$; 0,023
Erhöht sich der Nenner um den Faktor 10, so verschiebt sich das Komma um eine Stelle nach links. Die Periode bleibt unbeeinflusst.

Seite 219 | Aufgabe 11

a) Wenn der Rest bei der schriftlichen Division Null ergibt, ist die Dezimalzahl abbrechend. Wiederholt sich der Rest, so ist die Dezimalzahl periodisch.

b) $\frac{7}{9} = 0,\overline{7}$; $\frac{3}{11} = 0,\overline{27}$; $\frac{19}{15} = 1{,}2\overline{6}$
Die erste Dezimalzahl hat eine Periode der Länge 1, die zweite eine Periode der Länge 2 und die bei der dritten Dezimalzahl beginnt die Periode erst an zweiter Stelle nach dem Komma.

c) Die Länge der Periode erkannt man an der Anzahl der verschiedenen Reste, die sich wiederholen. Die Anzahl der Stellen hinter dem Komma entsprechen den Resten, die vor der Periode ausgerechnet werden.

Seite 219 | Aufgabe 12

a) falsch, $0{,}121212... = 0,\overline{12}$

b) richtig, $\frac{1}{12} = 0{,}08\overline{3}; \frac{2}{12} = 0{,}1\overline{6}; \frac{3}{12} = \frac{1}{4} = 0{,}25$

c) falsch, $\frac{222}{1000} = 0{,}222 \neq 0,\overline{2}$

d) falsch, $\frac{4}{9} = 0,\overline{4} \neq 0{,}444$

Seite 219 | Aufgabe 13

a) $0{,}6 < 0,\overline{6}$

b) $1{,}\overline{3} < 1{,}34$

c) $3,\overline{36} < 3{,}3\overline{6}$

d) $5,\overline{7} > 5{,}71$

Seite 219 | Aufgabe 14

a) $0{,}12 < \frac{51}{50} = 1{,}02 < \frac{6}{5} = 1{,}2 < 1{,}22 < 1\frac{2}{9} = 1,\overline{2}$

b) $\frac{69}{30} = 2{,}3 < 2\frac{66}{200} = 2{,}33 < \frac{14}{6} = 2,\overline{3} < 2{,}34 < 2,\overline{34}$

c) $3\frac{45}{100} = 3{,}45 < 3\frac{45}{99} = 3,\overline{45} < 3{,}455 < 3{,}46 < \frac{42}{12} = 3{,}5$

Seite 219 | Aufgabe 15

a) $\frac{1}{11} = 0,\overline{09}; \frac{2}{11} = 0,\overline{18}$, für die beiden anderen Perioden wird das dreifache sowie das fünffache von 9 erwartet, also 27 und 45.

b) Stimmt nicht, da $\frac{10}{11} = 0,\overline{90}$ und $\frac{12}{11} = 1,\overline{09}$.

Streifzug: Unendliche Dezimalzahlen in Brüche umwandeln

Seite 220 | Einstieg

Wenn man 5 durch 9 schriftlich teilt, erkennt man, dass sich die Zahl 5 immer wiederholt. Das Aussage „$\frac{5}{9} = 0{,}555555...$" ist also richtig.

Seite 221 | Aufgabe 1

a) $0{,}444... = \frac{4}{9}$

b) $0{,}282828... = \frac{28}{99}$

c) $4{,}187187187... = 4\frac{187}{999}$

Seite 221 | Aufgabe 2

a) $0,\overline{25} = \frac{25}{99}$

b) $0,\overline{8} = \frac{8}{9}$

c) $0,\overline{36} = \frac{36}{99} = \frac{4}{11}$

d) $3,\overline{5} = 3\frac{5}{9}$

e) $2,\overline{67} = 2\frac{67}{99}$

Seite 221 | Aufgabe 3

$3{,}1\overline{6} = 3\frac{1}{6}$ $3,\overline{160} = 3\frac{160}{999}$ $3,\overline{16} = \frac{313}{99}$ $3,\overline{60} = \frac{119}{33}$

Seite 221 | Aufgabe 4

a) $999\,999 : 7 = 142857$

b) $\frac{1}{7} = 0,\overline{142857}; \frac{2}{7} = 0,\overline{285714}; \frac{3}{7} = 0,\overline{428571}$

c) Der Taschenrechner rundet auf 6 Stellen hinter dem Komma.

Seite 221 | Aufgabe 5

a) $1,\overline{2} = 1\frac{2}{9} = \frac{11}{9}; 12,\overline{3} = 12\frac{3}{9} = 12\frac{1}{3} = \frac{111}{9}$

b) Eine einstellige Periode kann als Bruch mit dem Nenner „9" geschrieben werden. Eine Zahl, die alle Ziffern in der Reihenfolge „123..." enthält und mit einer einstelligen Periode endet, kann als Bruch mit dem Nenner 9 geschrieben werden, der im Zähler soviele Einsen enthält, wie die Zahl Ziffern 8einschließlich der Periode) hat.

c) $123,\overline{4} = 123\frac{4}{9} = \frac{1111}{9}; 1234,\overline{5} = 1234\frac{5}{9} = \frac{11111}{9}$

Seite 221 | Aufgabe 6

Individuelle Lösungen

7.10 Prozente

Seite 222 | Einstieg

Sowohl Karl aus auch Marco haben 25% der Stimmen erhalten. Beide sind gleichwertige Stellvertreter, oder es gibt eine Stichwahl zwischen beiden.

Seite 223 | Aufgabe 1

a) $\frac{1}{4} = 25\,\%$ b) $\frac{1}{10} = 10\,\%$ c) $\frac{1}{5} = 20\,\%$ d) $\frac{3}{4} = 75\,\%$

e) $\frac{1}{2} = 50\,\%$ f) $\frac{3}{10} = 30\,\%$ g) $\frac{4}{5} = 80\,\%$ h) $\frac{1}{4} = 25\,\%$

Seite 223 | Aufgabe 2

a) 0,03 = 3 % b) 0,33 = 33 % c) 0,5 = 50 %

d) 0,75 = 75 % e) 0,13 = 13 % f) 0,97 = 97 %

Seite 223 | Aufgabe 3

Wandelt man eine Dezimalzahl in einen Bruch mit dem Nenner 100 um, so gibt der Zähler die Prozentzahl an.

a) 25 % b) 17 % c) 2 % d) 50 % e) 93 % f) 12,5 %

Seite 223 | Aufgabe 4

a) 25 %; 20 %; 44 %; 70 %; 25 % b) siehe a)

c) 40 % (erweitern); 75 % (erweitern); 30 % (kürzen); $53,\overline{3}$ % (Division); 56 % (kürzen); 82 % (kürzen); 37,5 % (Division); $33,\overline{3}$ % (Division); $13,\overline{3}$ % (Division)

Seite 223 | Aufgabe 5

a) $10\,\% = \frac{10}{100} = \frac{1}{10}$; $25\,\% = \frac{25}{100} = \frac{1}{4}$; $60\,\% = \frac{60}{100} = \frac{3}{5}$; $90\,\% = \frac{90}{100} = \frac{9}{10}$

b) Individuelle Lösungen

Seite 223 | Aufgabe 6

a) $\frac{1}{20} = 0{,}05$ b) $\frac{3}{10} = 0{,}3$ c) $\frac{4}{5} = 0{,}8$ d) $\frac{3}{20} = 0{,}15$ e) $\frac{3}{4} = 0{,}75$ f) $\frac{7}{10} = 0{,}7$

g) $\frac{2}{25} = 0{,}08$ h) $\frac{12}{25} = 0{,}48$ i) $\frac{9}{25} = 0{,}36$ j) $\frac{22}{25} = 0{,}88$ k) $\frac{24}{25} = 0{,}96$ l) $\frac{1}{1} = 1$

Seite 223 | Aufgabe 7

Verschiebe bei der Prozentzahl das Komma um zwei Stellen nach links.

a) 0,35 b) 0,67 c) 0,11 d) 0,01 e) 0,125 f) 0,005

Seite 224 | Aufgabe 8

a) 36 € b) 30 l c) 900 Kinder d) 2 €

Seite 224 | Aufgabe 9

a) 200 g b) 240 kg c) 50 ct d) 150 ct

e) 750 g f) 2640 m g) 11 € 4 ct h) 26 400 mg

Seite 224 | Aufgabe 10

a) 20 m; 40 m; 80 m; 120 m; 160 m

b) 10 m; 20 m; 40 m; 60 m; 80 m

Verdoppelt sich die Prozentzahl oder die Größe, so verdoppelt sich der Anteil.

Seite 224 | Aufgabe 11

a) 75 % = 0,75 b) 40 % = 0,4 c) 25 % = 0,25 d) 50 % = 0,5

Seite 224 | Aufgabe 12

a) 4 b) 3 c) 16 d) 17

Man zählt, wie viele Teilstücke es gibt und berechnet, welchem Anteil ein Teilstück entspricht. Danach bestimmt man, wie viele Teilstücke benötigt werden.

Seite 224 | Aufgabe 13

Jeder fünfte Unfall entspricht 20 %. Es müsste also heißen „Auch 20 % sind noch zu viel".

Seite 225 | Aufgabe 14

a) $\frac{4}{200} = \frac{2}{100} = 2\,\%$; $\frac{3}{75} = \frac{1}{25} = \frac{4}{100} = 4\,\%$; $\frac{3}{50} = \frac{6}{100} = 6\,\%$; $\frac{2}{40} = \frac{1}{20} = \frac{5}{100} = 5\,\%$

b) $\frac{2}{5} = \frac{40}{100} = 40\,\%$; $\frac{63}{150} = \frac{21}{50} = \frac{42}{100} = 42\,\%$; $\frac{18}{40} = \frac{9}{20} = \frac{45}{100} = 45\,\%$; $\frac{33}{75} = \frac{11}{25} = \frac{44}{100} = 44\,\%$

Seite 225 | Aufgabe 15

a) $150\,\% = \frac{150}{100} = 1\frac{50}{100} = 1\frac{1}{2} = 1{,}5$

b) $110\,\% = \frac{110}{100} = 1\frac{10}{100} = 1\frac{1}{10} = 1{,}1$

c) $124\,\% = \frac{124}{100} = 1\frac{24}{100} = 1\frac{6}{25} = 1{,}24$

d) $200\,\% = \frac{200}{100} = 2$

e) $240\,\% = \frac{240}{100} = 2\frac{40}{100} = 2\frac{2}{5} = 2{,}4$

d) $220\,\% = \frac{220}{100} = 2\frac{20}{100} = 2\frac{1}{5} = 2{,}2$

Seite 225 | Aufgabe 16

Individuelle Lösungen

Seite 225 | Aufgabe 17

a) Genau berechnet hätte er $80\,\% \cdot 25 = 20$ Elfer verwandelt. Von 25 Schüssen verwandelt er also 20.

b) Rafael van der Vaart hat eine Quote von $\frac{17}{20} = 85\,\%$. Sie ist besser als die von Thomas Müller.

Seite 225 | Aufgabe 18

Es sind $\frac{4}{25}$ aller Schüler, somit sind genau 4 Schüler sogenannte „Einser-Schüler".

Seite 225 | Aufgabe 19

Auf der Festplatte sind $64\,\% \cdot 500\text{ GB} = 320\text{ GB}$ belegt.

Seite 225 | Aufgabe 20

Beide haben $\frac{9}{25} = 36\,\%$ der Strecke geschafft. Es liegen noch 64 % der Strecke vor ihnen.

Seite 225 | Aufgabe 21

a) Die Kleidungsstücke kosten nur 80 % der ausgezeichneten Preise. Das sind für die Jacke $\frac{4}{5} \cdot 120\text{ €} = 96\text{ €}$, für die Schuhe $\frac{4}{5} \cdot 90\text{ €} = 72\text{ €}$ und für die Hose $\frac{4}{5} \cdot 80\text{ €} = 64\text{ €}$. Insgesamt sind es 232 €.

b) Marion hat 96 € bezahlt. Ihre Freundin Lea hat nur 90 € bezahlt. Leas Jacke war günstiger.

7.11 Vermischte Aufgaben

Seite 226 | Aufgabe 1

a) blau: $\frac{8}{20} = \frac{2}{5}$; weiß: $\frac{12}{20} = \frac{3}{5}$

b) blau: $\frac{9}{25}$; weiß: $\frac{16}{25}$

c) blau: $\frac{5}{10} = \frac{1}{2}$; weiß: $\frac{5}{10} = \frac{1}{2}$

d) blau: $\frac{10}{30} = \frac{1}{3}$; weiß: $\frac{20}{30} = \frac{2}{3}$

Seite 226 | Aufgabe 2

Individuelle Lösungen

Seite 226 | Aufgabe 3

a) z.B. $\frac{1}{3} = \frac{2}{6}$; $\frac{6}{3} = \frac{8}{4}$, usw.

b) Es gibt 64 verschieden Bruchzahlen.

Seite 226 | Aufgabe 4

a) ① 3,00; 3; $\frac{21}{7}$ ② $\frac{5}{20}$; $\frac{1}{4}$; 0,25; das Tortendiagramm; 25 %; die Aussage „von 4 Torschüssen ging einer rein"; das Rechteck mit der gefärbten waagrechten Zeile ③ Die Aussage „Ich habe 6 Pizzen auf 5 Personen aufgeteilt"; $\frac{6}{5}$; $1\frac{1}{5}$ ④ $\frac{3}{10}$; 30 %; 0,3; das Rechteck mit zehn senkrechten Streifen, von denen 3 gefärbt sind ⑤ $\frac{4}{20}$; $\frac{1}{5}$; das Rechteck mit der gefärbten senkrechten Spalte; 20 % ⑥ $\frac{26}{20}$

b) individuelle Lösungen

Seite 227 | Aufgabe 5

a) ① und ② je $\frac{1}{4}$ (zusammen die Hälfte des großen Quadrats); ④ $\frac{1}{8}$ (ein Achtel des großen Quadrats); ③ und ⑤ je $\frac{1}{16}$ (die Hälfte von ④); ⑥ $\frac{1}{8}$ (das Doppelte von ⑤); ⑦ $\frac{1}{8}$ (Summe aus ③ und ⑤)

b) ① und ② je 25 %; ④, ⑥ und ⑦ je 12,5 %; ③ und ⑤ je 6,25 %

c) ① und ② je 25 cm^2; ④, ⑥ und ⑦ je $12{,}5\text{ cm}^2$; ③ und ⑤ je $6{,}25\text{ cm}^2$

d) Das Teilstück 2 ist doppelt so groß wie 4, somit beträgt der Flächeninhalt 4 cm^2.

Seite 227 | Aufgabe 6

a) $>: 3\text{ m} > 2\text{ m}$ b) $=: \frac{2}{6} = \frac{1}{3}$ c) $<: \frac{3}{5} < \frac{4}{5}$ d) $=: 12\text{ €} = 12\text{ €}$

Seite 227 | Aufgabe 7

175 cm – 8 cm = 167 cm

Seite 227 | Aufgabe 8

a) Falsch, die Hälfte der Schülern wären 125 Schüler

b) 75 Schüler wären 30 % der Befragten. Somit sind es knapp 30 %.

c) Das stimmt, es sind genau 8,8 %. Ein Zehntel wären 25 Schüler.

d) 16 % der Schüler wünschen sich Spinde.

Seite 227 | Aufgabe 9

a) 35 490,21 b) 453,092351 c) 267,1511

Seite 227 | Aufgabe 10

① 0,203 ② 203,43 ③ 0,00201

④ 100,003001 ⑤ 500,005

Seite 228 | Aufgabe 11

① $\frac{3}{8}\text{ kg} = 0{,}375\text{ kg} = 375\text{ g}$ ② $\frac{14}{10}\text{ m} = 1{,}4\text{ m} = 140\text{ cm}$ ③ $\frac{1}{100}\text{ g} = 0{,}01\text{ g} = 10\text{ mg}$

④ $\frac{7}{25}\text{ l} = 0{,}28\text{ l} = 280\text{ ml}$ ⑤ $1\frac{1}{5}\text{ cm} = 1{,}2\text{ cm} = 12\text{ mm}$

Seite 228 | Aufgabe 12

a) 1,5 km; 1500 m; $\frac{3000}{2}$ m b) 2,5 h; 150 min; $\frac{300}{2}$ min c) 1,4 m^2; 140 dm^2; $\frac{7}{5}\text{ m}^2$

d) 0,7 km; 700 m; $\frac{1400}{2}$ m e) $1\frac{1}{4}$ m; 125 cm; 1250 mm

Seite 228 | Aufgabe 13

0,07 m < 0,70 m < 0,707 m < 0,78 m < 0,8 m < 7,07 m

Seite 228 | Aufgabe 14

$\frac{3}{100}\text{ kg} = 30\text{ g}$; $3000\text{ g} = \frac{6}{2}\text{ kg}$; $6\frac{2}{10}\text{ kg} = 6{,}200\text{ kg}$; 6 kg 20 g = 6020 g; $6\frac{1}{2}\text{ kg} = \frac{13}{2}\text{ kg}$; 6,05 kg

Seite 228 | Aufgabe 15

a) z.B. 6,321; 6,322; 6,323 und 6,324

b) Die Zahlen sollen zwischen 0,4 und 0,25 liegen, also z. B. 0,26; 0,27; 0,28 und 0,29

c) Die Brüche sollen zwischen $\frac{5}{10}$ und $\frac{8}{10}$ liegen, also z. B. $\frac{6}{10} = \frac{3}{5}$ und $\frac{7}{10}$.

Seite 228 | Aufgabe 16

a) In aufsteigender Reihenfolge: 0,755; 0,76; 0,78; 0,795; 0,81

b)

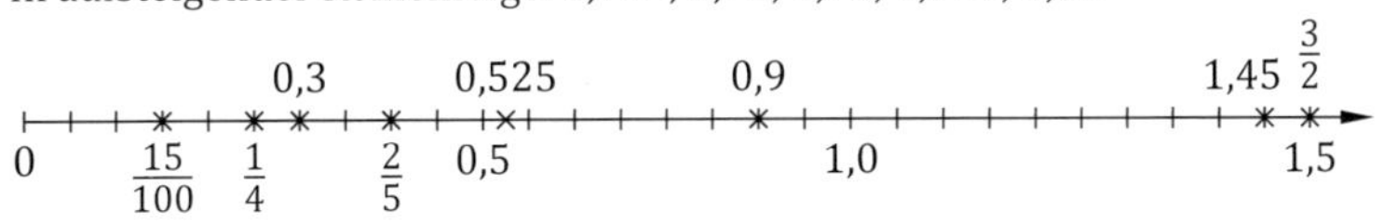

Seite 228 | Aufgabe 17

a) $0{,}7 < \frac{4}{5}$ b) $\frac{1}{3} > 0{,}3$ c) $2{,}25 = 2\frac{1}{4}$ d) $\frac{14}{7} = 2$ e) $10\frac{2}{5} > 10{,}25$

Seite 228 | Aufgabe 18

a) z.B. 6 b) 4 c) 1 d) 10 e) z.B. 2

Seite 228 | Aufgabe 19

a) $0{,}\overline{8}$ b) 5,75 c) $1{,}41\overline{6}$ d) $0{,}\overline{142857}$ e) 0,375

Seite 229 | Aufgabe 20

a) 0,035; 0,35; 3,5 b) $0{,}1\overline{6}$; $1{,}\overline{6}$; $16{,}\overline{6}$ c) $0{,}\overline{81}$; $8{,}\overline{18}$; $81{,}\overline{81}$

Erhöht sich der Zähler um den Faktor 10, so wird das Komma um eine Stelle nach rechts verschoben.

Seite 229 | Aufgabe 21

1 %; 3 %; 7 %; 9 %; 11 %; 13 %; 17 %; 19 %; 21 %; 23 %; 27 %; 29 %; 31 %; 33 %; 37 %; 39 %; 41 %; 43 %; 47 %; 49 %; 51 %; 53 %; 57 %; 59 %; 61 %; 63 %; 67 %; 69 %; 71 %; 73 %; 77 %; 79 %; 81 %; 83 %; 87 %; 89 %; 91 %; 93 %; 97 %; 99 %

Seite 229 | Aufgabe 22

a)

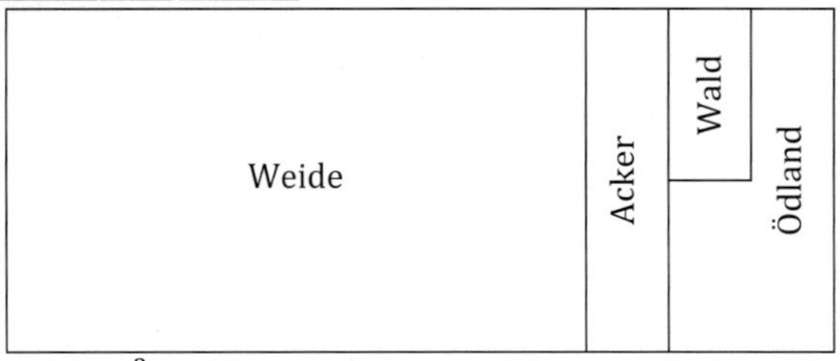

b) $15\,\% = \frac{3}{20}$

Seite 229 | Aufgabe 23

a) 25 % b) 20 % c) 50 % d) 4 %

Seite 229 | Aufgabe 24

30 % von 16 € sind 4,80 €. Wiebke hat Recht, der Preis müsste 11,20 € betragen.

Seite 229 | Aufgabe 25

Blaue Blüte:	30 kg
Gelbe Blüte:	Sie müsste weitere 18 Portionen mit Milch essen.
Rote Blüte:	Fett und Eiweiß je $\frac{1}{15}$; Kohlenhydrate $\frac{3}{5}$
Grüne Blüte:	$\frac{4}{5} = 80\,\%$
Orange Blüte:	$\frac{1}{15} = 0{,}0\overline{6} = 6{,}\overline{6}\,\%$, Anika hat Recht.

8. Komplexe Aufgaben

Zahlen bitte

Seite 234 | Aufgabe 1

a) Man benötigt mindestens 6 Münzen, nämlich 1 €, 20 ct, 10 ct, 5 ct und 2 Mal 2 ct.

b) Mit insgesamt 10 Münzen kann man alle Beträge zwischen 1,80 € und 2,00 € bezahlen, nämlich mit einer 2-€.Münze, einer 1-€-Münze, einer 50-ct-Münze, zwei 20-ct-Münzen, einer 10-ct-Münze, zwei 2-ct-Münzen und einer 1-ct-Münze.

Seite 234 | Aufgabe 2

a) Da es keine kleinere Einheit als den SIRA gibt, können keine Beträge bezahlt werden, die nicht ganze SIRA sind. Mit den jeweils vier Scheinen können alle Beträge bis 624 SIRA gezahlt werden.

b) Mit insgesamt 12 Scheinen kann man alle Beträge zwischen 190 SIRA und 200 SIRA bezahlen: ein 125-SIRA-Schein, drei 25-SIRA-Scheine, vier 5-SIRA-Scheine und vier 1-SIRA-Scheine.

Seite 234 | Aufgabe 3

a) 12 KINA = 8 KINA + 4 KINA
31 KINA = 16 KINA + 8 KINA + 4 KINA + 2 KINA + 1 KINA
120 KINA = 64 KINA + 32 KINA + 16 KINA + 8 KINA
140 KINA = 128 KINA + 8 KINA + 4 KINA

b) Mit insgesamt 7 Scheinen kann man alle Beträge zwischen 100 KINA und 120 KINA bezahlen: ein 64-KINA-Schein, ein 32-KINA-Schein, ein 16-KINA-Schein, ein 4-KINA-Schein, ein 2-KINA-Schein und ein 1-KINA-Schein.

c) Bei dieser Währung müsste man viel mehr Münzen oder Scheine mitnehmen, um die Beträge direkt bezahlen zu können. Man würde auch viel mehr Wechselgeld bekommen.

Puzzle mit Streichhölzern

Seite 234 | Aufgabe 4

①
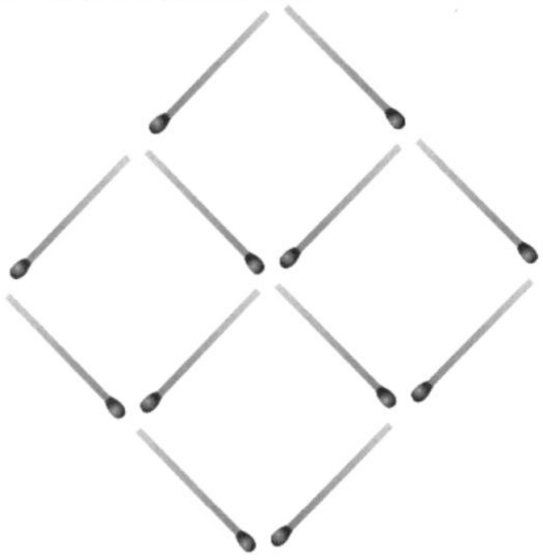

②
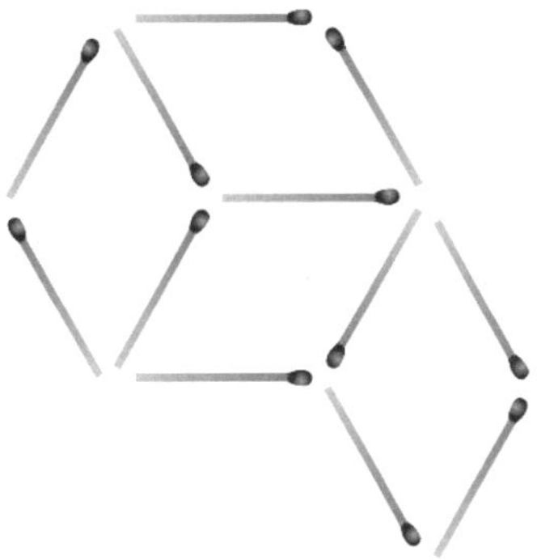

③

Auf zu fernen Welten

Seite 235 | Aufgabe 5

Wenn man auf der Erde 40 kg wiegt, so ergibt sich für das Gewischt auf den Planeten:

Planet	Merkur	Venus	Erde	Mars	Jupiter	Saturn	Uranus	Neptun
Gewicht	15,2 kg	36,4 kg	40,0 kg	15,2 kg	96,0 kg	44,0 kg	36,0 kg	44,0 kg

Seite 235 | Aufgabe 6

Individuelle Lösungen. Wählt man einen Zentimeter für eine Millionen Kilometer in Wirklichkeit, so wäre Merkur beispielsweise 59 cm und Neptun 4497 cm von der „Sonne" entfernt.

Seite 235 | Aufgabe 7

Die Entfernung beträgt 4 497 000 000 km – 150 000 000 km = 4 437 000 000 km. Mit Lichtgeschwindigkeit würde die Reise etwa 4,35 Stunden (4 Stunden und 20 Minuten) dauern.

Seite 235 | Aufgabe 8

Man wäre etwa 10 Millionen Jahre unterwegs, um diese „neue Erde" zu erreichen.

Das Haus der Vierecke

Seite 236 | Aufgabe 9

a) Gerade weil im Rechteck je 2 Seiten parallel sind und nicht nur einmal 2, ist es sozusagen „weiter entfernt" vom allgemeinen Viereck und kommt hinter dem Trapez.

b) Wenn man nach rechts Vierecke mit parallelen Seiten und nach links Vierecke gleich langen Seiten anordnet, so gehört das Quadrat zu beiden Seiten, da hier 4 Seiten gleich lang und je 2 parallel sind.

c) Gleich lange Seiten Parallele Seiten

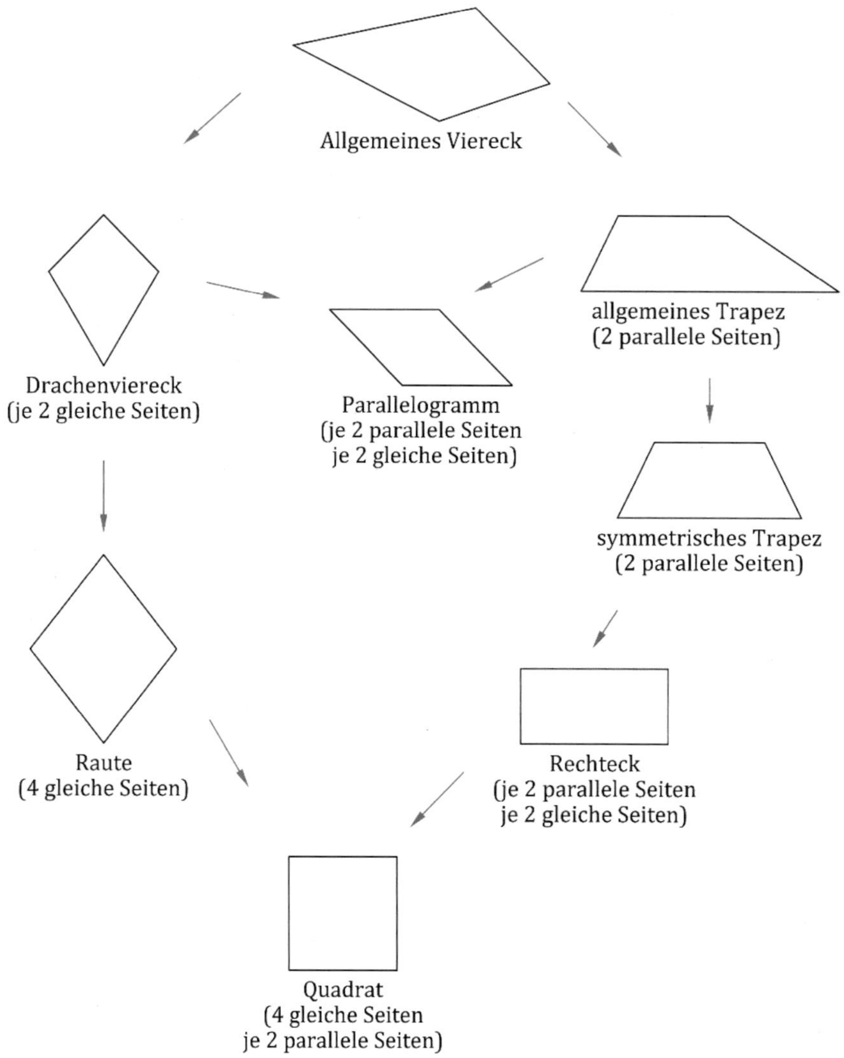

Renovierung

Seite 236 | Aufgabe 10

a) Wandfläche Schlafzimmer: $(2 \cdot 4\text{ m} + 2 \cdot 5\text{ m}) \cdot 3\text{ m} = 54\text{ m}^2$; Decke: $4\text{ m} \cdot 5\text{ m} = 20\text{ m}^2$
Wandfläche Kinderzimmer: $(2 \cdot 4\text{ m} + 2 \cdot 3{,}5\text{ m}) \cdot 3\text{ m} = 45\text{ m}^2$; Decke: $4\text{ m} \cdot 3{,}5\text{ m} = 14\text{ m}^2$
Wandfläche Wohnzimmer: $(2 \cdot 5\text{ m} + 2 \cdot 6\text{ m}) \cdot 3\text{ m} = 66\text{ m}^2$; Decke: $5\text{ m} \cdot 6\text{ m} = 30\text{ m}^2$
Insgesamt müssen also 229 m^2 Fläche gestrichen werden. Dafür benötigt man 3 Eimer Farbe, die 83,97 € kosten.

b) Wandfläche in der Küche: $(2 \cdot 5\text{ m} + 2 \cdot 5\text{ m}) \cdot 3\text{ m} = 60\text{ m}^2$; Decke: $5\text{ m} \cdot 5\text{ m} = 25\text{ m}^2$
Es müssen jetzt insgesamt 314 m^2 Fläche gestrichen werden. Drei 10-l-Eimer und ein 5-l-Eimer reichen für 315 m^2. Das könnte also reichen, auch weil wahrscheinlich Türen- und Fensterflächen nicht gestrichen werden sollen.

Fußballstadion

Seite 236 | Aufgabe 11

a) Das Spielfeld ist in der Zeichnung 10,5 cm lang und 6,8 cm breit, der Abstand zur Tribüne beträgt 0,6 cm.

b) $A = 105\ \text{m} \cdot 68\ \text{m} = 7140\ \text{m}^2$

c) $61\,673 \cdot 90\ \text{kg} = 5\,550\,570\ \text{kg}$.
Die Tribünen müssen insgesamt über 5,5 Millionen Kilogramm tragen können.

Holzklötze

Seite 237 | Aufgabe 12

An dem Aufbau der Klötze kann man erkennen, dass die anderen beiden Seiten 4-mal so lang und doppelt so lang sind wie die kürzeste Seite. Diese Seiten sind also 4 cm und 2 cm lang

Seite 237 | Aufgabe 13

Volumen eines Klotzes: $V = 1\ \text{cm} \cdot 2\ \text{cm} \cdot 4\ \text{cm} = 8\ \text{cm}^3$

Die Figur besteht aus 6 Kötzen: $V_{ges} = 48\ \text{cm}^3$

Seite 237 | Aufgabe 14

Fügt man zwei Holzklötze hinzu, erhält man einen Würfel. Seine Kantenlänge beträgt 4 cm.

Seite 237 | Aufgabe 15

Oberfläche eines Klotzes: $O = 2 \cdot (1\ \text{cm} \cdot 2\ \text{cm} + 1\ \text{cm} \cdot 4\ \text{cm} + 2\ \text{cm} \cdot 4\ \text{cm}) = 28\ \text{cm}^2$.

Die Sprühdose reicht für 1071 Bauklötze.

Getränketransport

Seite 237 | Aufgabe 16

Auf die Ladefläche passen 3 Reihen mit je 11 Paletten, also insgesamt 33 Europaletten.

Seite 237 | Aufgabe 17

30 voll bepackte Paletten wiegen 28 050 kg; 31 28 985 kg. Mit 31 Paletten ist der Sattelschlepper also überladen, 30 kann er transportieren.

Mit 30 Paletten hat er 1680 Kartons, also 20 160 Flaschen (rund 20 000) geladen.

Seite 237 | Aufgabe 18

Der Ort benötigt im Monat 90 000 000 Flaschen, die von etwa 4500 Sattelschleppern transportiert werden müssen.

Seite 237 | Aufgabe 19

Eine gepackte Palette wiegt 935 kg und enthält 672 Flaschen (56 Kartons mit 12 Flaschen). Da eine PET-Flasche 100 g leichter als eine Glasflasche ist, wiegt eine Palette mit PET-Flasche etwa 67,2 kg weniger als mit Glasflaschen, also etwa 868 kg. Von diesen Paletten kann der Sattelschlepper 32 laden (Gewicht: 27 776 kg), mit 33 (Gewicht: 28 644 kg) wäre er knapp überladen.

Sommerschlussverkauf

Seite 238 | Aufgabe 20

a) 68 €

b) Da er nur 9 Teile kauft, erhält er $\frac{1}{4}$ Nachlass, muss also noch 51 € bezahlen.

c) Mit einem weiteren Paar Socken hat er 10 Teile und bekommt einen Nachlass von $\frac{1}{2}$. Er würde also ohne Nachlass jetzt 70 € zahlen, mit Nachlass noch 35 €.

Pizza bei der Klassenfahrt

Seite 238 | Aufgabe 21

a) Alina zahlt beiden Freundinnen zurück, was sie ausgelegt haben.

b) Da die Freundinnen auch von der Pizza gegessen haben, muss Alina ihnen eigentlich nicht ihre gesamten Ausgaben zurückgeben. Von den 6 € für die Pizza muss jede 2 € übernehmen. Alina müsste also nur Janine 2 € geben, dann hätten alle ihren Anteil bezahlt.

Wasserverbrauch

Seite 238 | Aufgabe 22

Für eine Person im Vierpersonenhaushalt könnte der Wasserverbrauch etwa so aussehen:

Trinken und Kochen: 5 Liter

5 Minute Duschen: 75 Liter

Körperpflege: 8 Liter

Ein Waschmaschinenlauf alle 2 Tage im Vierpersonenhaushalt: 10 Liter pro Person und Tag;

Ein Spülmaschinenlauf pro Tag im Vierpersonenhaushalt: 5 Liter pro Person und Tag

4 WC-Spülungen: 20 Liter

Zwei Wohnungsreinigungen pro Woche: 2 Liter pro Tag

Summe: 125 Liter

Seite 238 | Aufgabe 23

Aktivität	Wasserverbrauch in Litern	Anteil am Gesamtverbrauch als Bruch	... als Dezimalzahl	... in Prozent
Trinken und Kochen	5	$\frac{5}{125} = \frac{1}{25}$	0,04	4 %
Duschen	75	$\frac{75}{125} = \frac{3}{5}$	0,6	60 %
Körperpflege	8	$\frac{8}{125}$	0,064	6,4 %
Waschmaschine	10	$\frac{10}{125} = \frac{2}{25}$	0,081	8 %
Spülmaschine	5	$\frac{5}{125} = \frac{1}{25}$	0,04	4 %
WC Spülungen	20	$\frac{20}{125} = \frac{4}{25}$	0,16	16 %
Wohnungsreinigung	2	$\frac{2}{125}$	0,016	1,6 %